2021年河南省生态环境质量报告

河南省生态环境厅　编

黄 河 水 利 出 版 社
· 郑 州 ·

图书在版编目（CIP）数据

2021年河南省生态环境质量报告 / 河南省生态环境厅编. — 郑州：黄河水利出版社，2023.4
ISBN 978-7-5509-3553-2

Ⅰ. ①2… Ⅱ. ①河… Ⅲ. ①区域生态环境-环境质量评价-研究报告-河南-2021 Ⅳ. ①X321.261

中国国家版本馆CIP数据核字（2023）第069384号

策划编辑 陶金志 0371-66025273 E-mail:838739632@qq.com

责任编辑 乔韵青　　责任校对 杨秀英
封面设计 张心怡　　责任监制 常红昕
出版发行 黄河水利出版社
地址：河南省郑州市顺河路49号 邮政编码：450003
网址：www.yrcp.com E-mail: hhslcbs@126.com
发行部电话：0371-66020550
承印单位 河南匠心印刷有限公司
开　　本 787 mm × 1092 mm 1/16
印　　张 9.25
字　　数 180千字
版次印次 2023年4月第1版　2023年4月第1次印刷

定　　价 90.00元

版权所有 侵权必究

《2021年河南省生态环境质量报告》

编 委 会

主　　任　王仲田

副 主 任　焦　飞　王　莹

委　　员　（以姓氏笔画为序）

于　莉　王西岳　王玲玲　王潇磊　申进朝　史淑娟　安国安　杜　兵
杜　鹏　张　杰　张洪川　陈　纯　陈　勇　陈　静　高沛霖　彭　华
冀艳霞

主　　编　陈　静　唐　敏

副 主 编　张洪川　王　洋　刘　赞　吕　丹　邢　昱　赵　颖　郑　瑶　魏　杰
王建英　郭　丽　朱泽军　戎　征　马双良

参编人员　（以姓氏笔画为序）

马云霞　王　宣　王　莅　王　琪　王　楠　王小飞　王金花　王维思
孔海燕　付　博　冯继锋　吉军凯　吉宏坤　刘　丹　刘运兵　刘奕尧
刘家倩　许心迪　孙俊苹　李　玉　李　明　李　珊　李　洁　李　雪
李红亮　杨先锋　杨会军　辛英督　汪太鹏　沈　哲　张　涛　张　雪
张兰真　张莹琦　陈　珂　陈　轲　郑琦琪　赵宇航　赵凌飞　赵新娜
郝亚明　娄亚敏　高　钢　高燕哺　郭悦嵩　梁　晶　彭　雪　葛连江
韩　健　程　翔　魏　佳

（派驻生态环境监测中心，以行政区划代码为序）

郑　州：赵长民　周　岩　朱　艳

开　封：李　琳　王　磊　张文颜
洛　阳：邱　颖　于高磊　刘　睿
平顶山：蒋庆瑞　王　艳　徐　方
安　阳：杨志轩　丁志安　常艳文
鹤　壁：王炜炜　杨俊香　李秀粉
新　乡：俞　宁　李爱琴　沙　涛
焦　作：王峰举　李自强　刘清伟
濮　阳：马红磊　王　冰　代开磊
许　昌：申艳萍　曹润泽　韩艳艳
漯　河：苏瑞敏　何江华　肖　芳
三门峡：薛祥茹　张　静　郭　瑞
南　阳：郑　钊　李　力　张少倩
商　丘：任　莹　王　慧　楚　君
信　阳：张海震　尚　东　沈喻颖
周　口：王克永　黄　涛　万军功
驻马店：李　森　吕　岩　潘　波
济　源：李利霞　范存峰　王　芳
渠　首：黄　进　许高双　王金花

主 编 单 位　河南省生态环境监测中心
参加编写单位　河南省辐射环境安全技术中心
资料提供单位　河南省各派驻生态环境监测中心

前言

本书以河南省环境监测数据为基础，对2021年全省生态环境质量进行了全面梳理与分析，总结了总体情况和主要生态环境质量问题，并提出对策和建议。

本书中生态环境质量监测数据来源于国家监测网和省级监测网，河南省环境质量监测网包括：17个省辖市及济源示范区（下同）共100个国控、251个省控城市环境空气质量监测点位；4个流域205个省控地表水水质评价监控断面、25个省控水库；153个地下水监测井位；46个饮用水水源地监测点位；50个降雨监测点位；3237个建成区环境噪声监测点位，城市道路交通噪声监测路段总长度约2072.6 km，118个城市功能区噪声监测点位；多个辐射监测点位。

编　者

2022年12月

目录

第一篇

监测概况和评价方法

1.1 城市环境空气

1.1.1 点位布设

河南省17个省辖市及济源示范区共设置100个国控城市环境空气自动监测点位、251个省控城市环境空气自动监测点位。

1.1.2 评价标准

PM_{10}、$PM_{2.5}$、SO_2、NO_2、CO、O_3评价标准采用《环境空气质量标准》（GB 3095—2012）及修改单。环境空气质量评价数据均采用实况数据。

1.1.3 评价方法

1.1.3.1 单项因子评价

按照《环境空气质量标准》（GB 3095—2012）、《环境空气质量评价技术规范（试行）》（HJ 663—2013）对参与评价的因子进行类别评价。

1.1.3.2 定性评价

采用环境空气综合质量指数（I）法和二级标准达标情况评价法进行定性评价。

1.1.3.3 级别评价

采用最大单因子级别法进行级别评价。

1.2 降　水

1.2.1 点位布设

全省17个省辖市及济源示范区共设置50个降水监测点位。

1.2.2 评价因子

pH值、降水量、电导率、硫酸根、硝酸根、铵离子、钙离子、镁离子、氯离子、氟离子、钠离子和钾离子共12项因子。

1.2.3 评价标准

降水酸度以pH<5.6作为判断酸雨的依据。

1.2.4 评价方法

降水pH、硫酸根、硝酸根等单因子的年均值采用雨量加权法进行计算。

采用降水pH范围、年均值、硫酸根等因子的离子含量进行现状评价、年际对比，pH月均值进行时空对比。

酸雨城市指降水pH年均值低于5.6的城市，较重酸雨城市指降水pH年均值低于5.0的城市，重酸雨城市指降水pH年均值低于4.5的城市。

1.3 地表水

1.3.1 点位布设

全省4个流域共设置205个省控监控断面、25个省控水库。

1.3.2 评价因子

上半年省控断面监测指标为《地表水环境质量标准》（GB 3838—2002）表1规定的基本项目24项，河流加测水量、电导率、流量、水位，共28项；湖库加测电导率、透明度、叶绿素a、水位，共28项。

下半年省控断面监测指标为“9+*X*”，其中：“9”为基本指标：水温、pH、溶解氧、电导率、浊度、高锰酸盐指数、氨氮、总磷、总氮（湖库增测叶绿素a、透明度等指标）。“*X*”为特征指标：《地表水环境质量标准》（GB 3838—2002）表1基本项目中，除9项基本指标外，上一年及当年出现过的超过Ⅲ类标准限值的指标。如断面考核目标为Ⅰ类或Ⅱ类，则为超过Ⅰ类或Ⅱ类标准限值的指标。特征指标结合水污染防治工作需求动态调整。

营养状态评价因子为叶绿素a、总磷、总氮、透明度和高锰酸盐指数5项。

1.3.3 评价标准

评价标准采用《地表水环境质量标准》（GB 3838—2002）。

1.3.4 评价方法

评价方法采用《地表水环境质量评价办法（试行）》（环办〔2011〕22号）。

1.3.4.1 单项因子评价

按照《地表水环境质量标准》（GB 3838—2002）对参与评价的因子进行类别评价。

1.3.4.2 综合评价

用断面浓度均值或断面水质类别比例进行河流、流域水质定性评价，用湖泊（水库）综合营养状态指数法进行富营养化状况评价。

1.3.4.3 对比分析

用水质等级变化、综合污染指数对比年际间、河流间的污染程度，用浓度变化限值法对比污染物的污染程度。

1.4 城市地下水

1.4.1 点位布设

全省17个省辖市及济源示范区共设置153个地下水监测井位，由于部分监测井位已封井，采集不到样品，因此实际监测井位为102个。

1.4.2 评价因子

评价因子选取pH、溶解性总固体、氯化物、硫酸盐、氨氮、硝酸盐（以N计）、亚硝酸盐（以N计）、氰化物、氟化物、总硬度（以$CaCO_3$计）、砷、铁、锰、铅、镉、汞、铬（六价）、耗氧量、挥发性酚类（以苯酚计）、总大肠菌群，共20项。

细菌学因子不参与评价分值（F）计算。

1.4.3 评价标准

评价标准采用《地下水质量标准》（GB/T 14848—2017）。

1.4.4 评价方法

1.4.4.1 单项因子评价

统计评价区域内参与评价因子各水质类别井位数占总监测井位数的百分比。

1.4.4.2 综合评价

（1）按井位评价：用F值法评价单个井位的水质级别，统计评价区域内各级别井位数占总监测井位数的百分比；

（2）城市综合定性评价：用F值法评价城市区域地下水质量级别，再将细菌学因子评价类别标注在级别定名之后。

1.4.4.3 对比分析

采用F值对年际间、城市间污染程度的变化进行比较和排序。

1.5 集中式饮用水水源地

1.5.1 点位布设

全省17个省辖市及济源示范区在用饮用水水源地中共设置46个监测点位，其中地表水型饮用水水源地设置16个监测点位，地下水型饮用水水源地设置30个监测点位。全省县级城市在用饮用水水源地共设置131个监测点位，其中地表水型饮用水水源地设置48个监测点位，地下水型饮用水水源地设置83个监测点位。

1.5.2 评价因子

达标水源地水质评价因子选择pH、总硬度（地下水）、硝酸盐（以N计）、氨氮、高锰酸盐指数（耗氧量）、氟化物（以F 计）、砷、汞、镉、铬（六价）、铅、氰化物、挥发性酚、石油类（地表水）、粪大肠菌群（总大肠菌群），共15项。取水水质达标率评价、定性评价因子在达1标水源地评价因子的基础上（pH不参与定性评价），地表水型饮用水水源地增加五日生化需氧量、溶解氧、硫化物、铁、硒、阴离子表面活性剂、总磷（以P计）、锰、铜、锌、硫酸盐、氯化物12项评价因子，地下水型饮用水水源地增加硫酸盐、氯化物、铁、锰、亚硝酸盐（以N计）、硒、阴离子合成洗涤剂、铜、锌9项评价因子。

地表水型饮用水水源地特定项目的评价因子选择《地表水环境质量标准》（GB 3838—2002）表3中所有项目（80项）。

1.5.3 评价标准

地表水型饮用水水源地水质评价采用《地表水环境质量标准》（GB 3838—2002），地下水型饮用水水源地水质评价采用《地下水质量标准》（GB/T 14848—

2017）。

1.5.4 评价方法

1.5.4.1 单项因子评价

统计评价区域内参与评价因子各水质类别水源地数占总监测数的百分比。

1.5.4.2 综合评价

（1）水源地达标评价：按照《地表水环境质量标准》（GB 3838—2002）、《地下水质量标准》（GB/T 14848—2017）对水源地进行水质类别评价，统计达到Ⅲ类标准限值的水源地占总水源地的比例；

（2）取水水质达标率评价：根据水质达到Ⅲ类标准限值的饮用水水源地取水量，统计饮用水水源地及城市的平均取水水质达标率；

（3）城市区域水质定性评价：采用内梅罗指数（P）评价饮用水水源地水质。

1.5.4.3 对比分析

（1）采用优良水源地百分比变化，对全省饮用水水源地水质变化趋势进行分析。

（2）采用取水水质达标率变化，对全省饮用水水源地水质变化趋势进行分析。

（3）采用P值对年际间、城市间的水质变化分析和排序。

1.6 城市声环境

1.6.1 点位布设

全省17个省辖市及济源示范区共设置昼间区域声环境质量监测点位3 237个，覆盖城市区域面积1 514.9 km^2；昼间道路交通声环境质量监测点位1 016个，监测路段总长度约2 072.6 km；功能区昼间、夜间声环境质量监测点位118个。

1.6.2 评价因子

以等效连续A声级（Leq）为基本评价量。

城市区域声环境：昼间平均等效声级和夜间平均等效声级。

城市道路交通声环境：昼间平均等效声级和夜间平均等效声级，道路交通噪声监测的等效声级采用道路长度加权算术平均法。

城市功能区声环境：昼间、夜间监测点次的达标率。

1.6.3 评价标准

评价标准采用《声环境质量标准》（GB 3096—2008）。

1.6.4 评价方法

1.6.4.1 基本评价量

以等效连续A声级（Leq）为基本评价量。

1.6.4.2 定性评价

城市区域环境噪声、道路交通噪声按照《环境噪声监测技术规范 城市声环境常规监测》（HJ 640—2012）的规定进行评价，城市功能区环境噪声按照达标率进行评价。

1.6.4.3 对比分析

采用等效声级变化和优、良等级进行年际、城市间的对比分析。

1.7 生态环境

对河南省域、17个省辖市及济源示范区市域、104个县域开展生态环境监测与评价。依据国家环境保护部颁布的《生态环境状况评价技术规范》（HJ 192—2015）中生物丰度指数、植被覆盖指数、水网密度指数、土地胁迫指数和污染负荷指数的值和权重，计算生态环境状况指数（EI），根据生态环境状况分级标准对生态环境状况进行评价。

1.8 农村环境

1.8.1 点位布设

农村环境质量监测以县域为基本单元，包括村庄监测和县域监测两个层次，村庄监测指标为环境空气质量、饮用水水源地水质和土壤环境质量监测，县域监测为地表水水质、农田灌溉水质、生活污水处理设施出水水质监测以及农业面源监测。全省农村环境质量监测点位情况见表1–1。

表1-1 全省农村环境质量监测点位情况统计

监测对象	监测项目	点位数
农村村庄环境空气质量	PM_{10}、$PM_{2.5}$、SO_2、NO_2、CO、O_3	152个监控村庄
农村饮用水水源地水质	地表水型饮用水水源地：《地表水环境质量标准》（GB 3838—2002）表1的基本项目（23项，化学需氧量不参评，水温、总氮（仅湖、库断面参评）、粪大肠菌群作为参考指标单独评价）和表2补充项目（5项），共28项	80个点位
	地下水型饮用水水源地：《地下水质量标准》（GB/T 14848—2017）表1中常规指标，共39项	1 307个地下水型饮用水水源地
农村地表水水质	《地表水环境质量标准》（GB 3838—2002）表1中基本项目（共24项）	256个点位（包含40个湖库点位和216个出入境断面）
农村土壤环境质量	《土壤环境质量 农用地土壤污染风险管控标准（试行）》（GB 15618—2018）污染风险筛选值和管制值项目	139个点位
农田灌溉水质	《农田灌溉水质标准》（GB 5084—2005）表1的基本控制项目16项	65个农田灌区取水口
农村生活污水处理设施出水水质	《城镇污水处理厂污染物排放标准》（GB 18918—2002）中基本控制项目12项	1 720个农村生活污水处理设施出口
农业面源	总氮、总磷、氨氮、硝酸盐（以N计）、高锰酸盐指数、化学需氧量，共6项	121个县域

1.8.2 评价标准

（1）《环境空气质量标准》（GB 3095—2012）及修改单；

（2）《地表水环境质量评价办法（试行）》（环办〔2011〕22号）；

（3）《地表水环境质量标准》（GB 3838—2002）；

（4）《地下水质量标准》（GB/T 14848—2017）；

（5）《土壤环境质量 农用地土壤风险管控标准（试用）》（GB 15618—2018）；

（6）《农村环境质量综合评价技术规定》（修订征求意见稿））。

1.9 辐射环境

1.9.1 点位布设

全省辐射环境质量监测共设置101个点位，包括环境γ辐射水平监测、空气监测、水体监测、土壤监测和电磁辐射监测。环境γ辐射水平监测包括17个省辖市及济源示范区辐射环境自动监测站空气吸收剂量率连续监测，10个城市累积剂量监测；空气监测包括3个城市的气溶胶监测，1个省会城市的空气中碘、空气中氡、沉降物、降水和水蒸气监测；水体监测包括黄河、淮河、海河3大流域的地表水监测，17个省辖市及济源示范区集中式饮用水水源地监测，1个省会城市地下水监测；土壤监测包括17个省辖市及济源示范区的土壤监测；电磁辐射监测包括17个省辖市及济源示范区的环境电磁辐射监测。全省辐射环境质量监测点位情况见表1-2。

表1-2 全省辐射环境质量监测点位情况统计

监测对象		监测项目	点位数
环境γ辐射水平		γ辐射空气吸收剂量率（自动站）	24
		γ辐射累积剂量	10
空气	气溶胶	γ能谱（^{7}Be、^{40}K、^{131}I、^{134}Cs、^{137}Cs、^{214}Bi、^{228}Ra、^{234}Th）	1
			3
		^{210}Po、^{210}Pb	1
		^{90}Sr、^{137}Cs	3
	空气中碘	^{131}I	1
	空气中氡	室外氡	1
	沉降物	γ能谱（^{7}Be、^{40}K、^{131}I、^{134}Cs、^{137}Cs、^{214}Bi、^{228}Ra、^{234}Th）	1
		^{90}Sr、^{137}Cs	1
	降水	^{3}H	1
	空气（水蒸气）	^{3}H	1
水体	地表水	U、Th、^{226}Ra、总α、总β、^{90}Sr、^{137}Cs	3
	饮用水水源地水	U、Th、^{226}Ra、总α、总β、^{90}Sr、^{137}Cs	1
		总α、总β，若有异常则开展γ能谱分析	17
	地下水	U、Th、^{226}Ra、总α、总β	1
土壤		γ能谱（^{238}U、^{137}Cs、^{226}Ra、^{232}Th、^{40}K）	18
电磁辐射		综合电场强度	19

1.9.2 评价标准与方法

对γ辐射空气吸收剂量率、水体中天然放射性核素浓度、土壤中天然放射性核素浓度、气溶胶中放射性核素浓度和沉降物中放射性核素浓度进行评价。

辐射环境质量监测结果的评价采用与本底水平和相关标准限值比较的分析方法，依据《电离辐射防护与辐射源安全基本标准》（GB 18871—2002）、《电磁环境控制限值》（GB 8702—2014）和《生活饮用水卫生标准》（GB 5749—2006）进行评价。

第二篇

生态环境质量状况

2.1　城市环境空气质量

2.1.1　现状评价

2.1.1.1　单项因子评价

1. 细颗粒物（$PM_{2.5}$）

2021年，全省$PM_{2.5}$年均浓度值为47 μg/m³（剔除沙尘影响后为45 μg/m³），17个省辖市及济源示范区城市点位$PM_{2.5}$日均浓度值范围为1 ~ 321 μg/m³。全省城市日均浓度平均二级标准达标率为83.9%，17个省辖市及济源示范区城市日均值浓度二级标准达标率为78.4% ~ 90.4%，见图2–1。

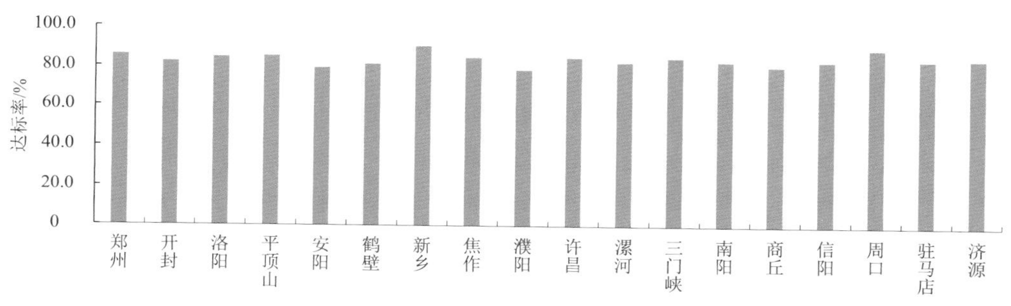

图2–1　2021年河南省各城市$PM_{2.5}$日均浓度值二级标准达标率

若扣除沙尘天气过程影响，年均浓度值超二级标准的城市（浓度由低到高排序）依次为信阳、郑州、三门峡、驻马店、洛阳、许昌、周口、焦作、商丘、平顶山、南阳、开封、新乡、济源、安阳、漯河、鹤壁、濮阳，见图2–2。

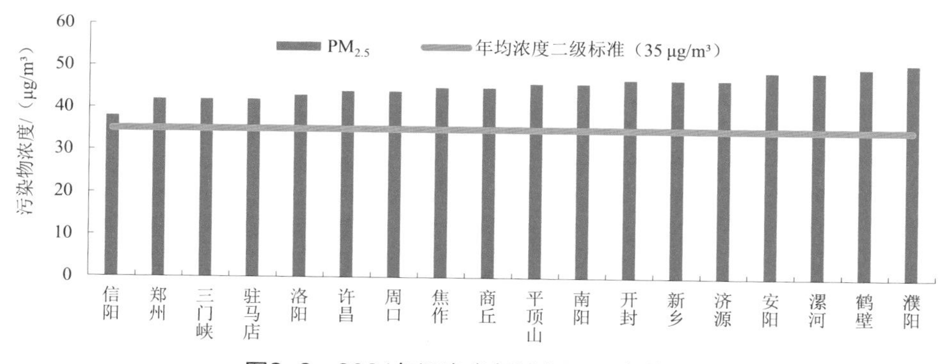

图2–2　2021年河南省各城市$PM_{2.5}$年均浓度

2. 可吸入颗粒物（PM_{10}）

2021年，全省PM_{10}年均浓度值为92 μg/m³（剔除沙尘影响后为77 μg/m³），17个省辖市及济源示范区城市点位PM_{10}日均浓度值范围为3～1 773 μg/m³。全省日均浓度平均二级标准达标率为87.5%，17个省辖市及济源示范区城市日均浓度值二级标准达标率为79.7%～93.2%，见图2–3。

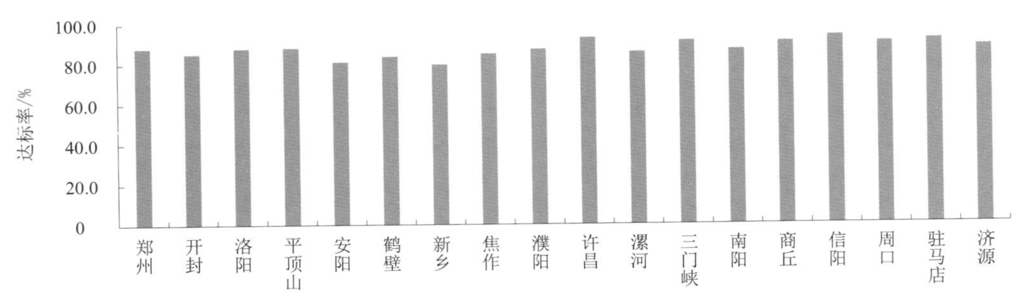

图2–3 2021年河南省各城市PM_{10}日均浓度值二级标准达标率

若扣除沙尘天气过程影响，年均浓度值除信阳、驻马店、许昌3个城市达到二级标准外，其余15个城市均超二级标准。超二级标准的城市（浓度由低到高排序）依次为三门峡、商丘、周口、郑州、洛阳、南阳、濮阳、济源、开封、平顶山、漯河、焦作、鹤壁、安阳、新乡，见图2–4。

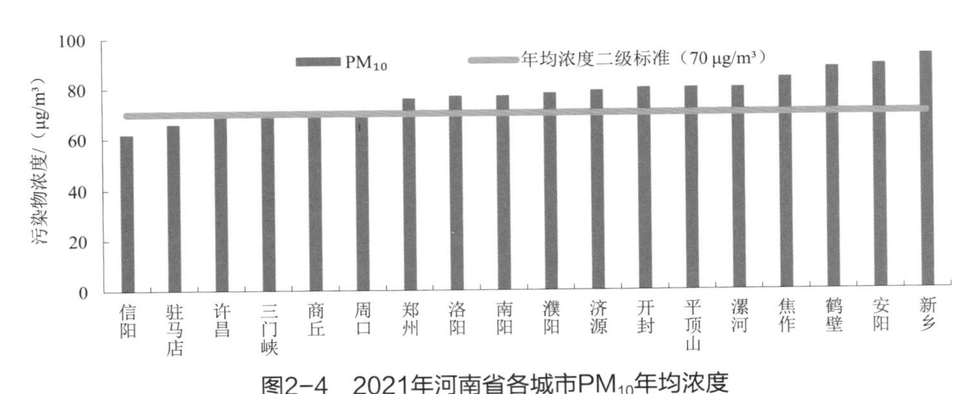

图2–4 2021年河南省各城市PM_{10}年均浓度

3. 二氧化硫（SO_2）

2021年，全省SO_2年均浓度值为9 μg/m³，17个省辖市及济源示范区城市点位SO_2日均浓度值范围为1～52 μg/m³。全省、17个省辖市及济源示范区城市日均浓度平均二级标准达标率均为100%，见图2–5。

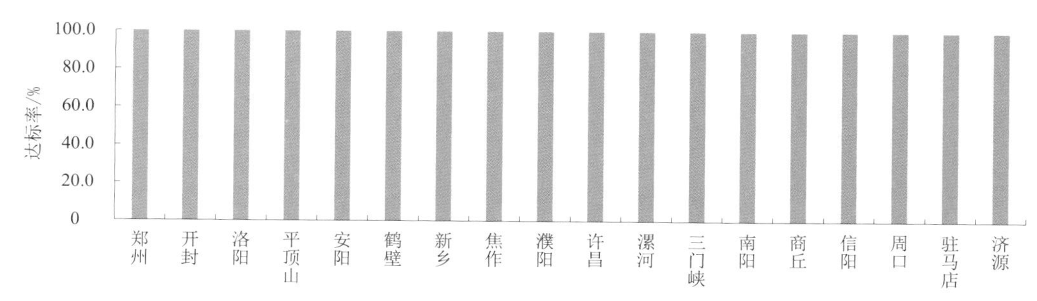

图2-5 2021年河南省各城市SO_2日均浓度值二级标准达标率

年均浓度值达到一级标准的城市（浓度由低到高排序）依次为洛阳、信阳、郑州、开封、漯河、三门峡、商丘、驻马店、平顶山、安阳、濮阳、南阳、周口、焦作、许昌、鹤壁、新乡、济源，见图2-6。

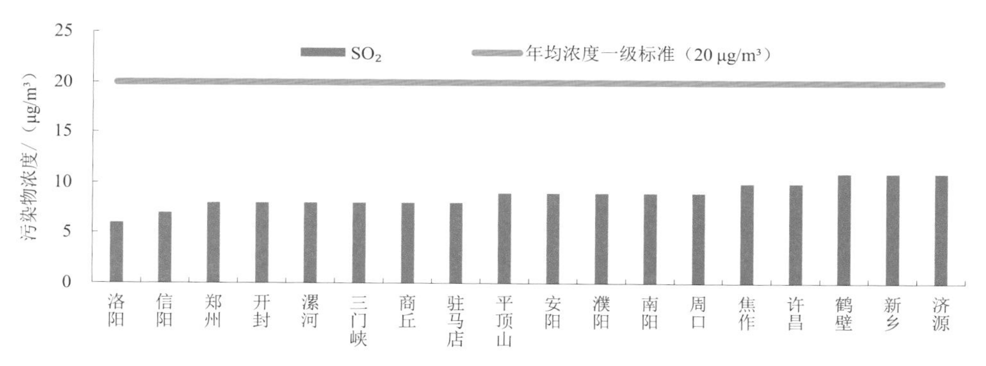

图2-6 2021年河南省各城市SO_2年均浓度

4. 二氧化氮（NO_2）

2021年，全省NO_2年均浓度值为27 μg/m^3，17个省辖市及济源示范区城市点位NO_2日均浓度值范围为2 ~ 96 μg/m^3。全省日均浓度平均二级标准达标率为99.9%，17个省辖市及济源示范区日均浓度值二级标准达标率为99.4% ~ 100%，见图2-7。

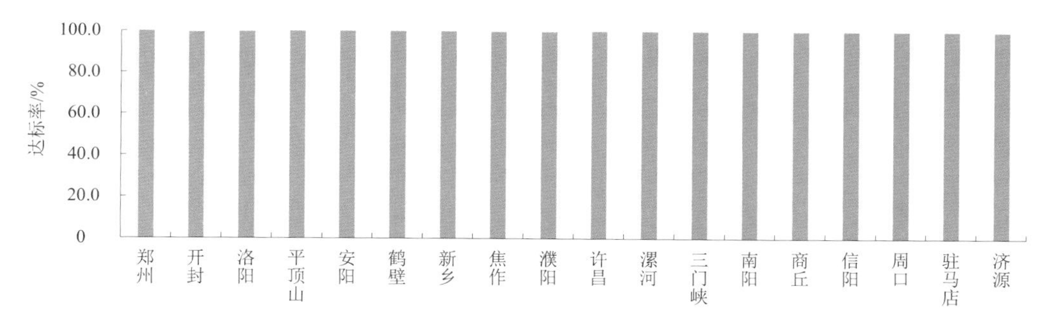

图2-7 2021年河南省各城市NO_2日均浓度值二级标准达标率

年均浓度值达到二级标准的城市（浓度由低到高排序）依次为信阳、周口、驻马店、漯河、南阳、商丘、焦作、许昌、开封、平顶山、濮阳、洛阳、三门峡、济源、安阳、鹤壁、郑州、新乡，见图2-8。

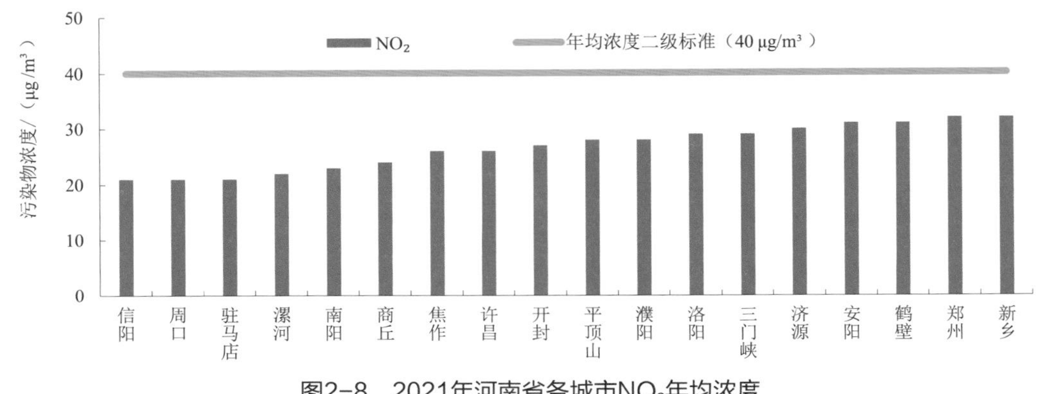

图2-8　2021年河南省各城市NO_2年均浓度

5. 一氧化碳（CO）

2021年，17个省辖市及济源示范区点位CO日均浓度值范围为0.1～4.3 mg/m^3。全省、17个省辖市及济源示范区日均浓度平均二级标准达标率均为100%，见图2-9。

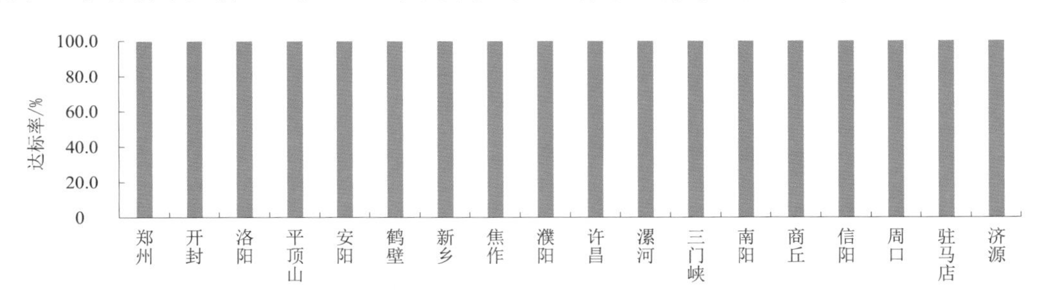

图2-9　2021年河南省各城市CO日均浓度值二级标准达标率

全省CO日均值第95百分位数浓度达到二级标准的城市（浓度由低到高排序）依次为信阳、开封、洛阳、平顶山、漯河、商丘、驻马店、郑州、三门峡、周口、濮阳、许昌、南阳、焦作、新乡、鹤壁、济源、安阳，见图2-10。

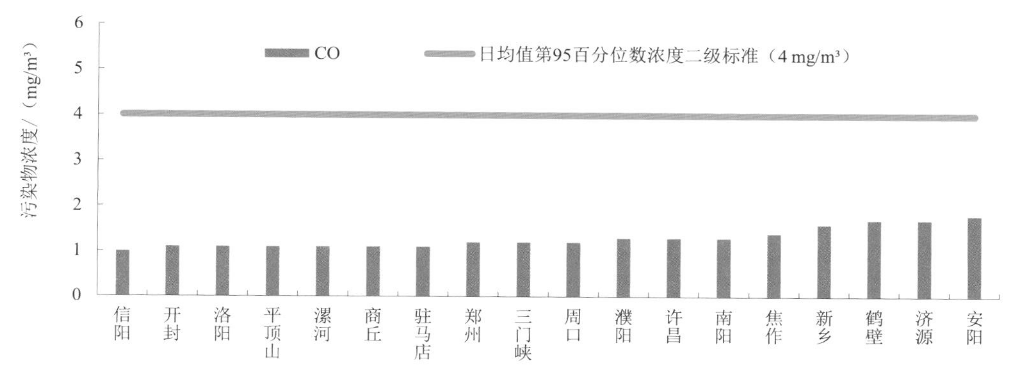

图2-10　2021年河南省各城市CO日均值第95百分位数浓度

6. 臭氧（O_3）

2021年，17个省辖市及济源示范区点位O_3日最大8 h滑动平均值浓度范围为4～305 μg/m³。全省O_3日最大8 h滑动平均值浓度平均二级标准达标率为89.1%，17个省辖市及济源示范区O_3日最大8 h滑动平均值浓度二级标准达标率为81.9%～96.7%，见图2-11。

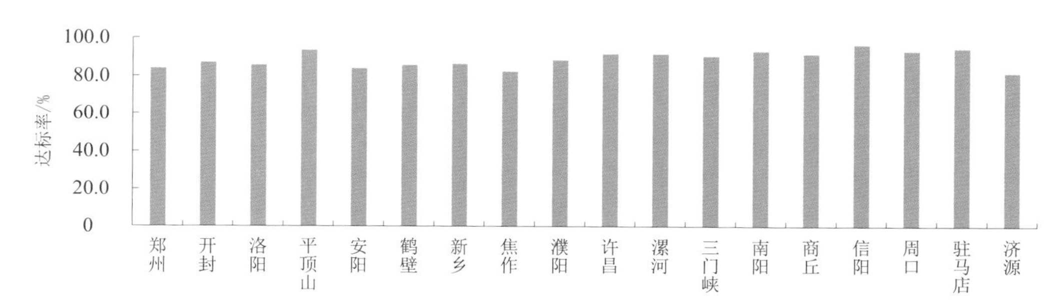

图2-11　2021年河南省各城市O_3日最大8 h滑动平均值二级标准达标率

全省O_3日最大8 h滑动平均值第90百分位数浓度值达到二级标准的城市（浓度由低到高排序）依次为信阳、驻马店、周口、南阳、平顶山、许昌、漯河、商丘、三门峡9个城市，超二级标准的城市依次为濮阳、开封、洛阳、新乡、安阳、鹤壁、郑州、焦作、济源9个城市，见图2-12。

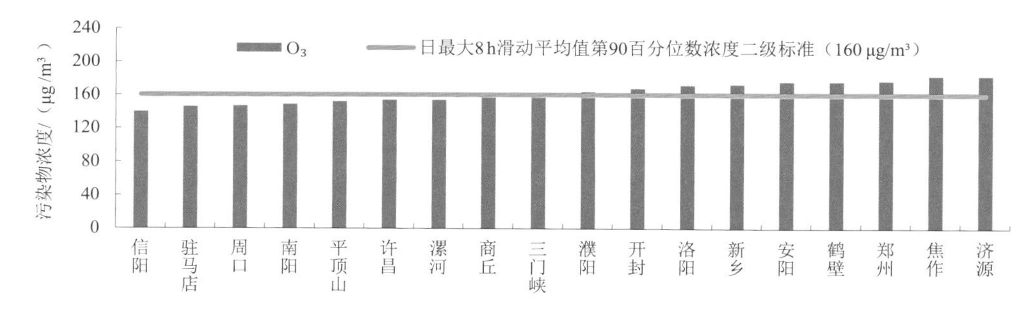

图2-12　2021年河南省各城市O_3日最大8 h滑动平均值第90百分位数浓度

2.1.1.2 综合评价

1. 定性评价

2021年，全省环境空气质量级别为良。信阳、驻马店、三门峡、周口、郑州、洛阳、许昌、商丘、南阳、平顶山10个城市环境空气质量级别为良，开封、焦作、漯河、新乡、济源、濮阳、安阳、鹤壁8个城市为轻污染。综合质量指数及定性评价指数见表2-1。

表2-1 2021年全省及各城市环境空气质量定性评价

城市名称	$I_{PM_{2.5}}$	$I_{PM_{10}}$	I_{SO_2}	I_{NO_2}	I_{CO-95}	I_{O_3H8-90}	I（综合质量指数）	定性评价指数	
								定性评价指数f	级别
郑州	0.30	1.09	0.13	0.80	0.30	1.11	1.20	0.96	良
开封	0.28	1.14	0.13	0.68	0.28	1.05	1.34	1.02	轻污染
洛阳	0.28	1.10	0.10	0.73	0.28	1.08	1.23	0.96	良
平顶山	0.28	1.14	0.15	0.70	0.28	0.95	1.31	1.00	良
安阳	0.45	1.27	0.15	0.78	0.45	1.10	1.40	1.10	轻污染
鹤壁	0.43	1.26	0.18	0.78	0.42	1.10	1.43	1.11	轻污染
新乡	0.40	1.33	0.18	0.80	0.40	1.08	1.34	1.07	轻污染
焦作	0.35	1.20	0.17	0.65	0.35	1.14	1.29	1.02	轻污染
濮阳	0.33	1.11	0.15	0.70	0.32	1.03	1.46	1.08	轻污染
许昌	0.33	0.99	0.17	0.65	0.32	0.96	1.26	0.96	良
漯河	0.28	1.14	0.13	0.55	0.28	0.96	1.40	1.02	轻污染
三门峡	0.30	1.01	0.13	0.73	0.30	0.99	1.20	0.94	良
南阳	0.33	1.10	0.15	0.58	0.32	0.93	1.31	0.98	良
商丘	0.28	1.01	0.13	0.60	0.28	0.98	1.29	0.96	良
信阳	0.25	0.89	0.12	0.53	0.25	0.88	1.09	0.83	良
周口	0.30	1.01	0.15	0.53	0.30	0.92	1.26	0.94	良
驻马店	0.28	0.94	0.13	0.53	0.28	0.91	1.20	0.90	良
济源	0.43	1.13	0.18	0.75	0.42	1.14	1.34	1.06	轻污染
全省	0.33	1.10	0.15	0.68	0.32	1.02	1.29	0.99	良

2. 达标情况

2021年，全省、17个省辖市及济源示范区城市环境空气质量均超二级标准。全省6项污染物中，NO_2、SO_2年均浓度和CO日均值第95百分位数浓度均达到二级标准，超标污染物为PM_{10}、$PM_{2.5}$和O_3。扣除沙尘天气过程影响，17个省辖市及济源示范区$PM_{2.5}$年均浓度均超过二级标准，占100%；15个城市PM_{10}年均浓度超过二级标准，占83.3%；9个城市O_3日最大8 h滑动平均值第90百分位数浓度超过二级标准，占50.0%，见图2-13。

从污染物超标项数来看，1项污染物超二级标准的城市有3个，2项污染物超二级准的城市有6个，3项污染物超二级标准的城市有9个。

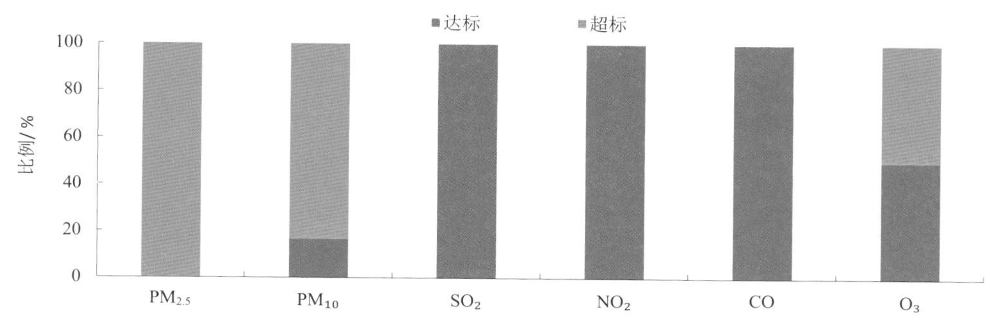

图2-13　2021年各城市环境空气质量达标/超标个数比例

3. 优良天数及重污染天数比例

2021年，全省环境空气质量平均优良天数比例为69.8%（含济源）。信阳、驻马店、平顶山、周口、商丘、南阳、三门峡、许昌、漯河9个城市在70%以上，洛阳、开封、郑州、濮阳、济源、鹤壁、焦作、新乡、安阳9个城市在50%以上，见图2-14。

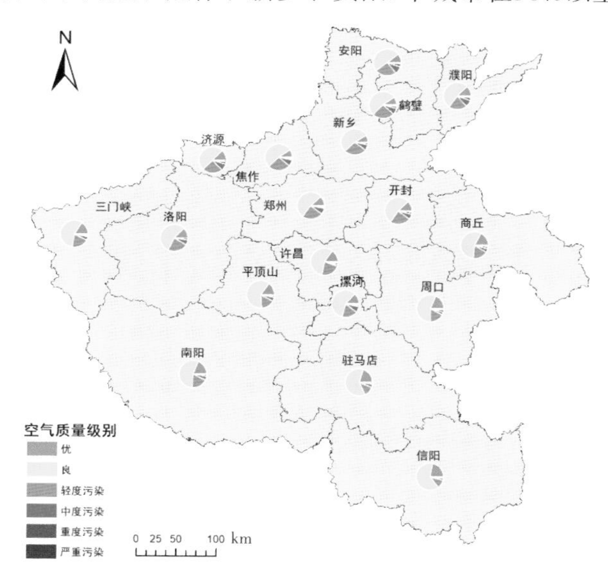

图2-14　2021年各城市环境空气质量优良天数及重污染天数比例

4. 污染特征

2021年，全省环境空气首要污染物是$PM_{2.5}$，其次为PM_{10}，见表2-2。

表2-2　2021年全省环境空气综合指数分析

项目	$PM_{2.5}$	PM_{10}	SO_2	NO_2	CO	O_3	综合指数
综合指数I_i	1.29	1.10	0.15	0.68	0.32	1.02	4.56
污染负荷系数f_i	0.28	0.24	0.03	0.15	0.07	0.22	—
f_i排序	1	2	6	4	5	3	—
首要污染物：$PM_{2.5}$							

2.1.2　年度对比

2.1.2.1　单因子对比分析

1. $PM_{2.5}$

1）年均浓度变化

与2020年相比，若不扣除沙尘天气过程影响，全省$PM_{2.5}$年均浓度值由52 μg/m³下降至47 μg/m³，降低5 μg/m³，下降9.6%。

若扣除沙尘天气过程影响，全省$PM_{2.5}$年均浓度值由52 μg/m³下降至45 μg/m³，降低7 μg/m³，下降13.5%。17个省辖市及济源示范区均降低，降低2 μg/m³（信阳）~ 13 μg/m³（安阳），下降幅度为5.0%（信阳）~ 21.0%（安阳）。

全省、17个省辖市及济源示范区$PM_{2.5}$年均浓度值仍超二级标准，见图2-15。

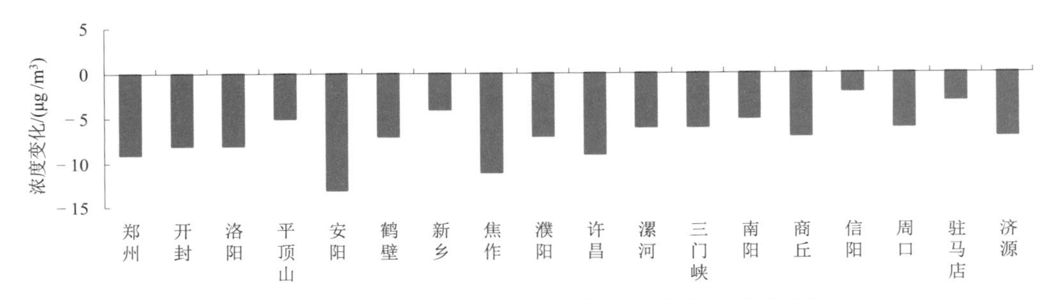

图2-15　2021年与2020年各城市$PM_{2.5}$年均浓度值变化

2）季节变化

冬季$PM_{2.5}$浓度仍为最高，春、秋季次之，夏季最低；月均浓度值均接近U形波状变化，见图2-16和图2-17。

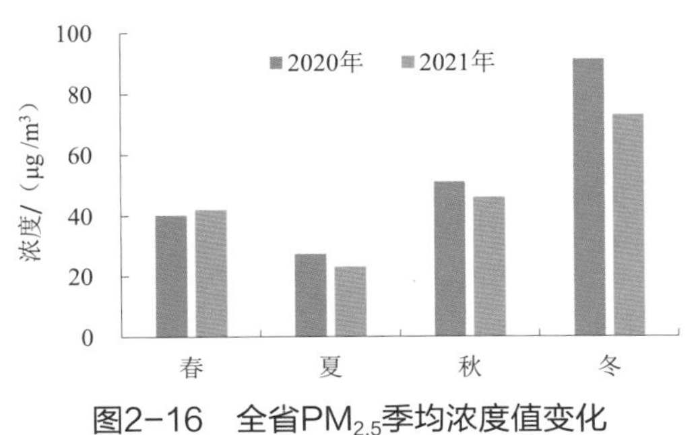

图2-16　全省$PM_{2.5}$季均浓度值变化

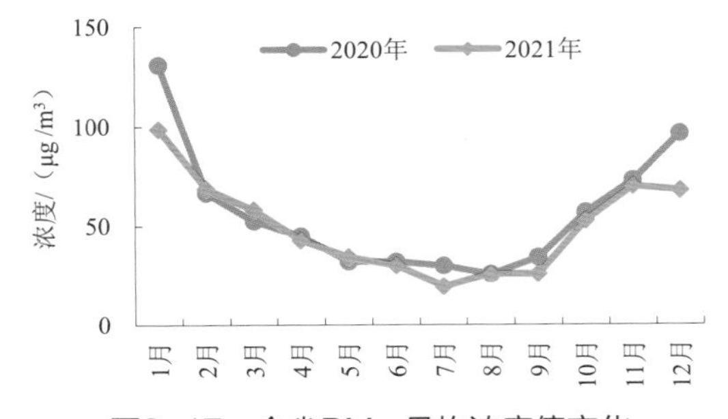

图2-17　全省$PM_{2.5}$月均浓度值变化

2. PM_{10}

1）年均浓度变化

与2020年相比，若不扣除沙尘天气过程影响，全省PM_{10}年均浓度值由87 μg/m³上升至92 μg/m³，升高5 μg/m³，上升5.7%。

若扣除沙尘天气过程影响，全省PM_{10}年均浓度值由83 μg/m³下降至77 μg/m³，降低6 μg/m³，下降7.2%。除新乡市升高4 μg/m³外，其他17个城市均降低，降低1 μg/m³（信阳）~ 15 μg/m³（安阳），下降幅度为1.6%（信阳）~ 14.4%（安阳），见图2-18。

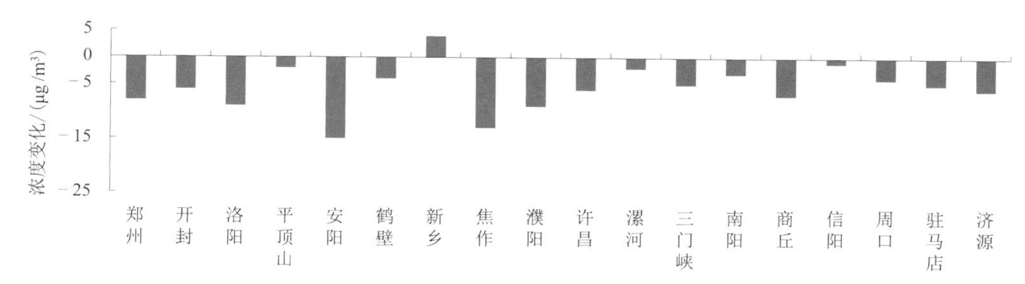

图2-18　2021年与2020年各城市PM_{10}年均浓度值变化

全省PM_{10}年均浓度值仍超二级标准。17个省辖市及济源示范区中，信阳市PM_{10}年均浓度值仍达到二级标准，许昌、驻马店2个城市PM_{10}年均浓度值由超二级标准变为达到二级标准，其他15个城市PM_{10}年均浓度值仍均超二级标准。

2）季节变化

冬季PM_{10}浓度仍为最高，春、秋季次之，夏季最低。月均浓度值接近U形波状变化，见图2-19和图2-20。

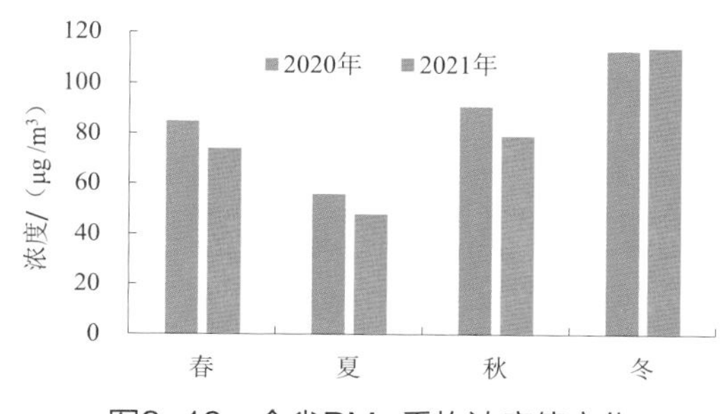

图2-19　全省PM_{10}季均浓度值变化

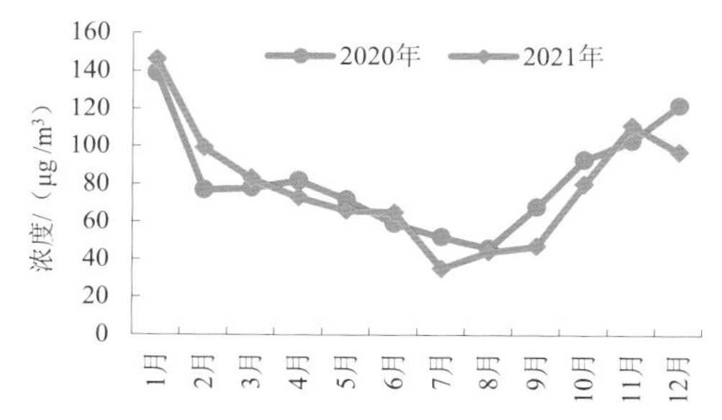

图2-20　全省PM_{10}月均浓度值变化

3. SO_2

1）年均浓度变化

与2020年相比，全省SO_2年均浓度值由10 μg/m³下降至9 μg/m³，降低1 μg/m³，下降10.0%。17个省辖市及济源示范区中，除三门峡、南阳、商丘、信阳、驻马店5个城市均升高1 μg/m³，鹤壁、周口持平外，其他11个城市均降低，降低1 μg/m³（郑州、开封、濮阳、许昌、漯河）~ 4 μg/m³（安阳），下降幅度为9.1%（许昌）~ 30.8%（安阳）。

全省、17个省辖市及济源示范区SO_2年均浓度值仍均达到一级标准，见图2-21。

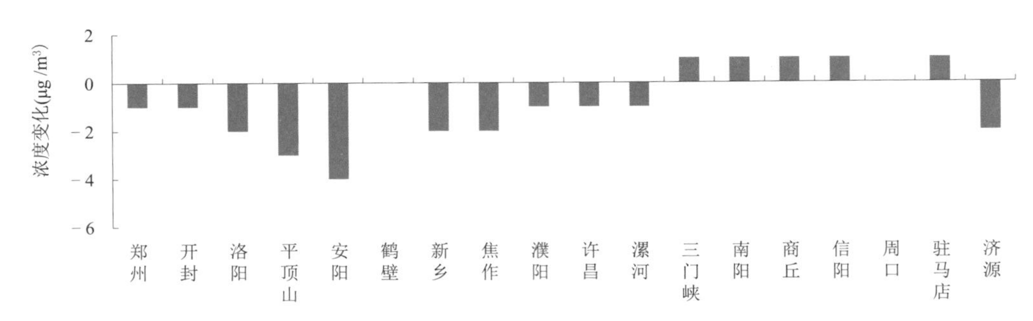

图2-21　2021年与2020年各城市SO_2年均浓度值变化

2）季节变化

春、秋、冬季SO_2浓度较高，夏季最低。月均浓度值接近U形波状变化，见图2-22和图2-23。

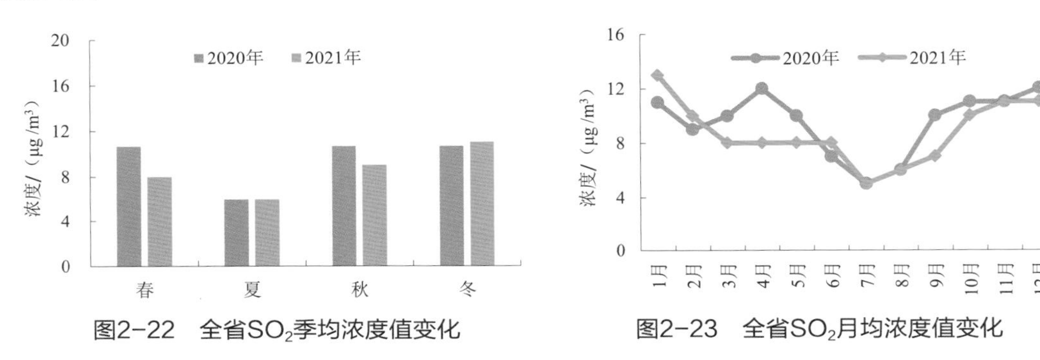

图2-22　全省SO_2季均浓度值变化

图2-23　全省SO_2月均浓度值变化

4. NO_2

1）年均浓度变化

与2020年相比，全省NO_2年均浓度值由30 μg/m³下降至27 μg/m³，降低3 μg/m³，下降10.0%。17个省辖市及济源示范区中，除信阳市升高1 μg/m³、驻马店市持平外，其他16个城市均降低，降低1 μg/m³（南阳）~ 7 μg/m³（郑州、焦作），下降幅度为4.2%（南阳）~ 21.2%（焦作）。

全省、17个省辖市及济源示范区NO_2年均浓度值仍均达到二级标准，见图2-24。

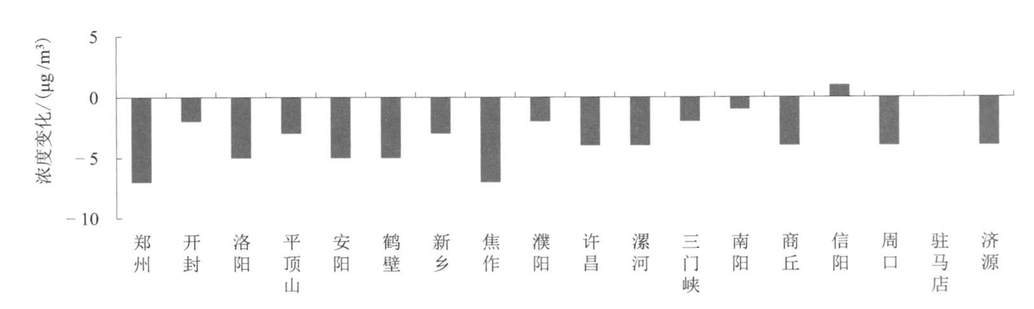

图2-24　2021年与2020年各城市NO_2年均浓度值变化

2）季节变化

秋、冬季NO_2浓度较高，春季次之，夏季最低。月均浓度值接近U形波状变化，见图2-25和图2-26。

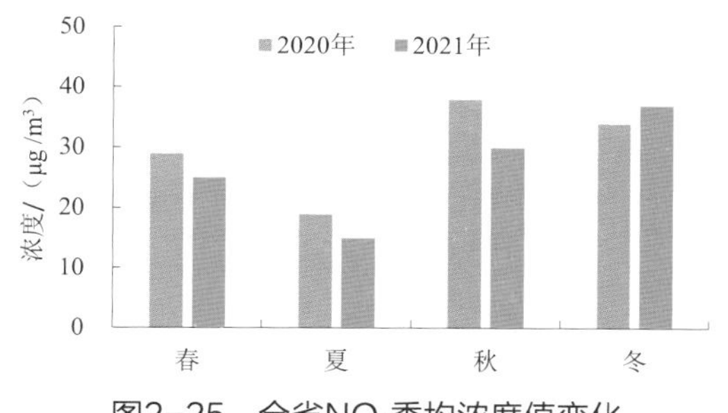

图2-25 全省NO_2季均浓度值变化

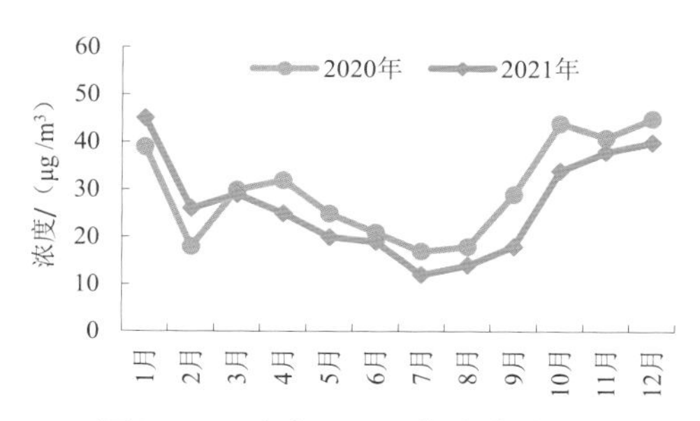

图2-26 全省NO_2月均浓度值变化

5. CO

1）全年CO日均值第95百分位数浓度变化

与2020年相比，全省CO日均值第95百分位数年均浓度值由1.5 mg/m³下降至1.3 mg/m³，降低0.2 mg/m³，下降13.3%。17个省辖市及济源示范区中，除驻马店市持平外，其他17个城市均降低，降低0.1 mg/m³（新乡、漯河、南阳、信阳、周口）～0.3 mg/m³（开封、安阳、焦作、濮阳、商丘、济源），下降幅度为5.9%（新乡）～21.4%（商丘）。

全省、17个省辖市及济源示范区CO日均值第95百分位数年均浓度值仍均达到二级标准，见图2-27。

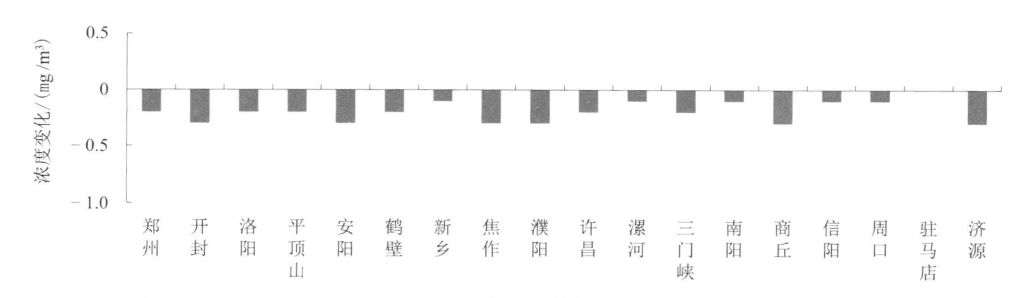

图2-27 2021年与2020年各城市CO日均值第95百分位数浓度值变化

2）季节变化

冬季浓度值最高，夏、秋季次之，春季最低。月百分位浓度接近U形波状变化，见图2-28和图2-29。

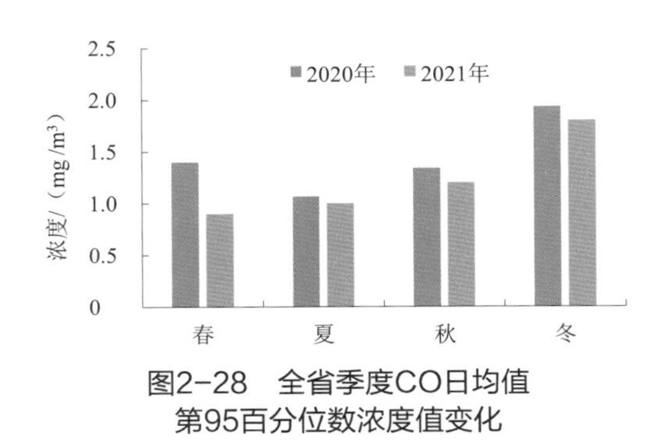

图2-28 全省季度CO日均值第95百分位数浓度值变化

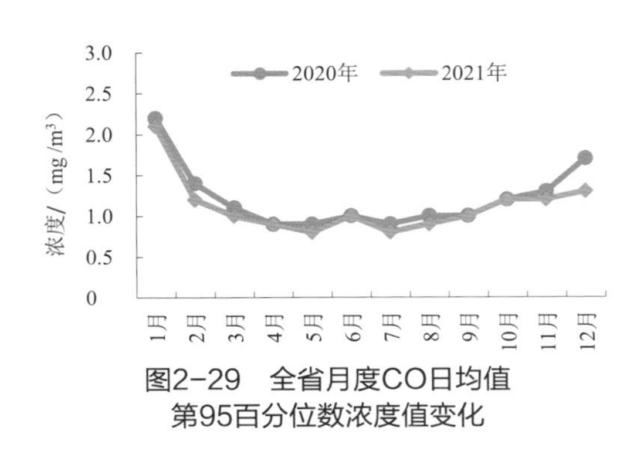

图2-29 全省月度CO日均值第95百分位数浓度值变化

6. O_3

1）全年O_3日最大8 h滑动平均值第90百分位数浓度变化

与2020年相比，由166 μg/m^3下降至163 μg/m^3，降低3 μg/m^3，下降1.8%。17个省辖市及济源示范区中，除济源、洛阳分别升高11 μg/m^3、6 μg/m^3，开封、新乡、濮阳、漯河、三门峡5个城市持平外，其他11个城市均降低，降低1 μg/m^3（鹤壁、南阳）～14 μg/m^3（安阳），下降幅度为0.6%（鹤壁）～7.9%（信阳）。

全省O_3日最大8 h滑动平均值第90百分位数年均浓度值仍超二级标准。17个省辖市及济源示范区中，达二级标准的城市为9个，增加1个；超二级标准的城市为9个，减少1个，见图2-30。

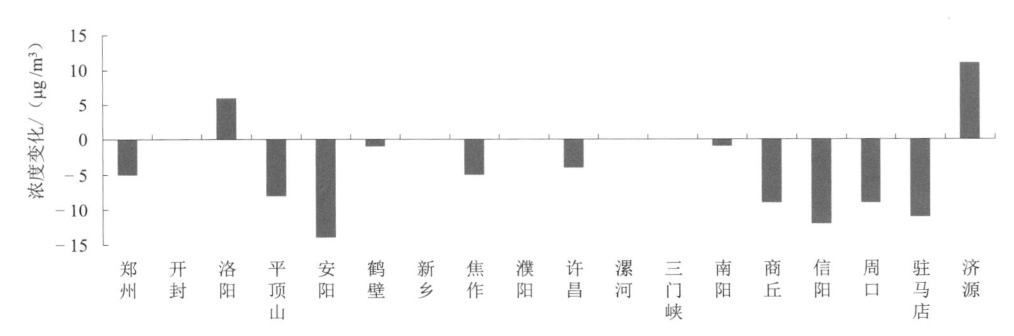

图2-30 2021年与2020年各城市O_3日最大8 h滑动平均值第90百分位浓度值变化

2）季节变化

夏季百分位浓度均值最高，春、秋季次之，冬季最低。月百分位浓度接近倒U形波状变化，见图2-31和图2-32。

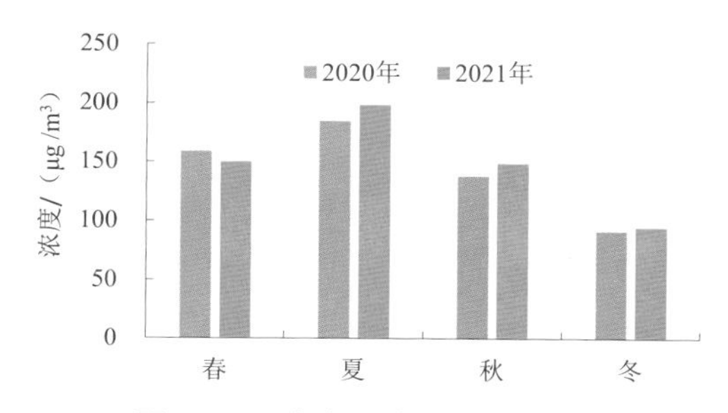

图2-31　全省季度O_3日最大8 h
滑动平均值第90百分位数浓度值变化

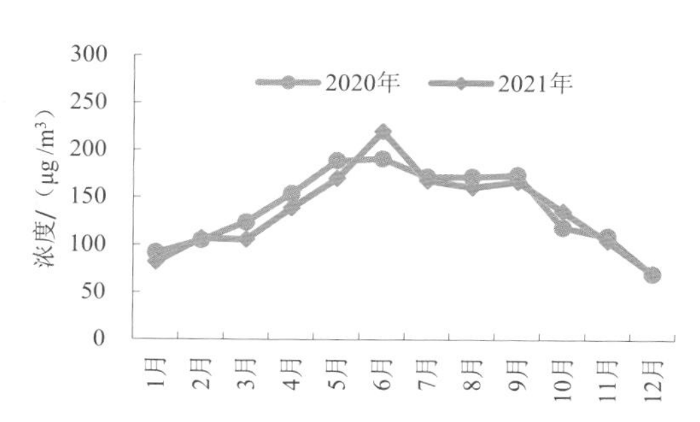

图2-32　全省月度O_3日最大8 h
滑动平均值第90百分位数浓度值变化

2.1.2.2　综合评价对比

1. 定性评价对比

与2020年相比，全省环境空气质量级别由轻污染变为良。信阳、驻马店2个城市空气质量级别仍为良，郑州、洛阳、平顶山、许昌、三门峡、南阳、商丘、周口8个城市空气质量级别由轻污染变为良，其余8个城市空气质量级别仍为轻污染，见图2-33。

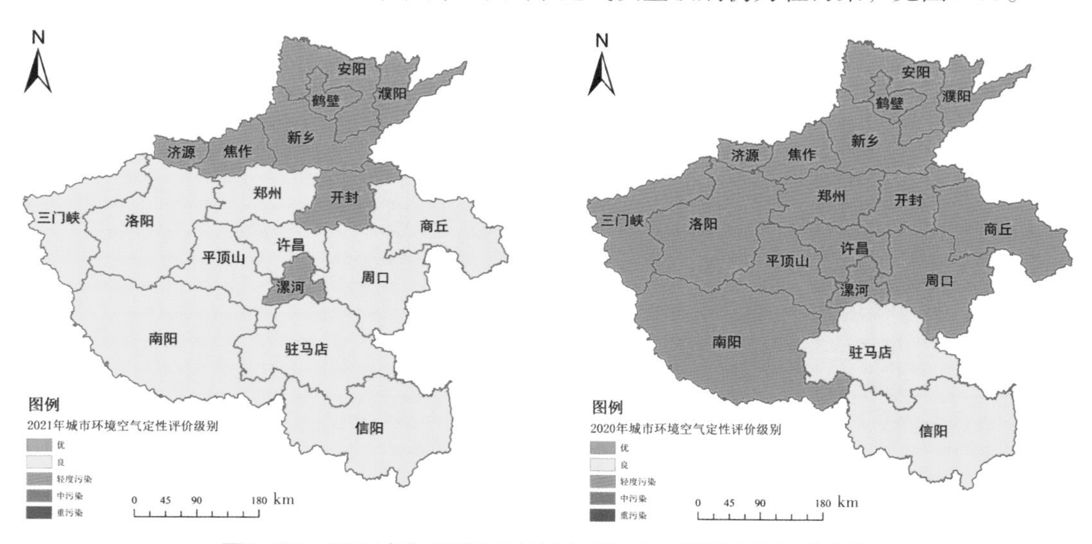

图2-33　2021年与2020年各城市环境空气质量定性评价变化

2. 达标评价对比

与2020年相比，2021年全省、17个省辖市及济源示范区环境空气质量仍均超二级标准。

全省6项污染物中，扣除沙尘天气过程影响，NO_2、SO_2年均浓度和CO日均值第95百分位数浓度仍均达到二级标准，超标污染物仍为PM_{10}、$PM_{2.5}$和O_3。17个省辖市及济源示范区中，SO_2、NO_2年均浓度和CO日均值第95百分位数浓度值达标城市个数均仍为18个，

$PM_{2.5}$年均浓度达标城市个数仍为0，PM_{10}年均浓度达标城市为3个，增加2个，O_3日最大8 h滑动平均值第90百分位数浓度值达标城市为9个，增加1个，见表2-3。

表2-3 2021年与2020年全省各项污染物达标城市数量变化

	年度	$PM_{2.5}$	PM_{10}	SO_2	NO_2	CO	O_3
达标城市个数/个	2021	0	3	18	18	18	9
	2020	0	1	18	18	18	8

3. 优良天数及重污染天数比例对比

与2020年相比，全省城市环境空气质量平均优良天数比例由66.7%上升至69.8%（含济源），上升3.1个百分点。其中，安阳、商丘、驻马店、焦作、平顶山、周口6个城市优良天数比例上升较大，见表2-4。

表2-4 2021年与2020年17个省辖市及济源示范区各级别天数比例（%）变化

城市名称	2021年		2020年		比较	
	优良天数比例	重度及以上污染天数比例	优良天数比例	重度及以上污染天数比例	优良天数比例	重度及以上污染天数比例
郑州	64.9	3.0	62.8	3.0	2.1	0
开封	65.5	4.1	64.8	5.2	0.7	–1.1
洛阳	67.4	3.0	66.7	1.9	0.7	1.1
平顶山	76.4	3.0	72.1	2.5	4.3	0.5
安阳	60.3	5.5	49.5	7.6	10.8	–2.1
鹤壁	62.5	4.1	60.7	3.8	1.8	0.3
新乡	62.2	3.3	64.5	2.5	–2.3	0.8
焦作	62.5	3.0	57.4	3.6	5.1	–0.6
濮阳	64.9	4.9	61.2	5.7	3.7	–0.8
许昌	71.8	3.3	69.9	4.4	1.9	–1.1
漯河	71.2	3.3	69.1	4.4	2.1	–1.1
三门峡	72.9	3.0	73.2	2.2	–0.3	0.8
南阳	73.4	3.0	70.5	3.6	2.9	–0.6
商丘	73.9	4.1	66.1	3.8	7.8	0.3
信阳	85.5	1.9	81.7	0.3	3.8	1.6
周口	75.3	4.4	71.0	3.3	4.3	1.1
驻马店	82.2	1.9	76.5	0.8	5.7	1.1
济源	62.7	4.9	62.6	3.0	0.1	1.9
全省	69.8（不含济源70.1）	3.5	66.7	3.4	3.1	0.1

与2020年相比，全省城市环境空气质量重度及以上污染天数比例由3.4%升高至3.5%，上升0.1个百分点。其中，安阳、开封、许昌、漯河、濮阳5个城市重度污染及以上天数比例下降较大。重度及以上污染天数仍集中在1月、3月、11月和12月，见图2-34。

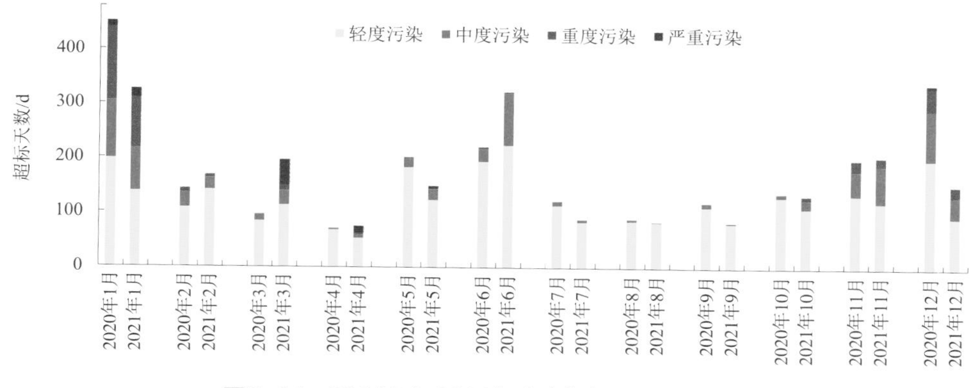

图2-34 2021年与2020年全省超标天数月际变化

4. 污染特征对比

与2020年相比，全省城市环境空气质量主要超标因子仍为$PM_{2.5}$。各项污染物日均值超标率中，$PM_{2.5}$超标率由19.8%下降至16.1%，其超标率明显降低，达标天数大幅度增加；NO_2超标率由0.4%降为0.1%，SO_2和CO仍均未超标。受2021年沙尘暴影响，全省PM_{10}超标率由9.2%升高至12.6%，见图2-35。

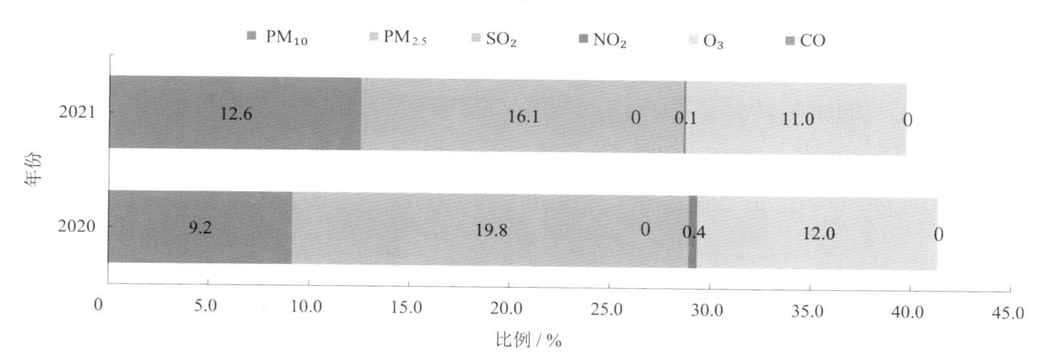

图2-35 2021年与2020年全省首要污染物超标天数比例分布变化

2.1.3 沙尘

2.1.3.1 时空分布特征

2021年，全省受沙尘天气过程影响13次，17个省辖市及济源示范区受沙尘天气影响天数为686 d，其中轻度污染201 d，中度污染74 d，重度污染18 d，严重污染65 d。沙尘天气过程造成全省PM_{10}年均浓度升高15 μg/m^3，损失优良20 d。2021年受沙尘影响频次较多月份分别为1月、3月、4月、5月，分别为3次、2次、2次和2次；影响天数分别为141 d、178 d、121 d、196 d。对空气质量影响程度最重沙尘过程为3月15—17日、3月28—31日。受沙尘影响较重的区域主要以黄河流域为主，具体时空分布见图2-36。污染受沙尘过程影响天数前5名的城市依次是鹤壁市50 d、郑州市50 d、洛阳市49 d、三门峡市49 d、安阳市48 d。

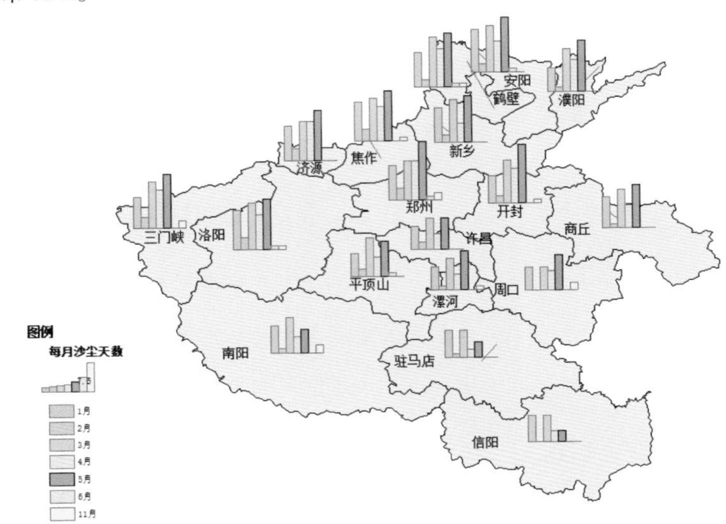

图2-36 2021年各城市受沙尘影响天数时空分布

2.1.3.2 沙尘过程影响空气质量程度

与2016年以来近5年相比，虽然2021年沙尘暴频次不是最多的，但沙尘暴强度和造成空气质量变差的影响却是最为突出的一年。2016—2021年沙尘频次分别为26次、16次、15次、14次和9次。2016—2021年受沙尘过程影响，导致全省PM_{10}年均值分别升高3 μg/m^3、10 μg/m^3、9 μg/m^3、4 μg/m^3、4 μg/m^3、15 μg/m^3，见图2-37。

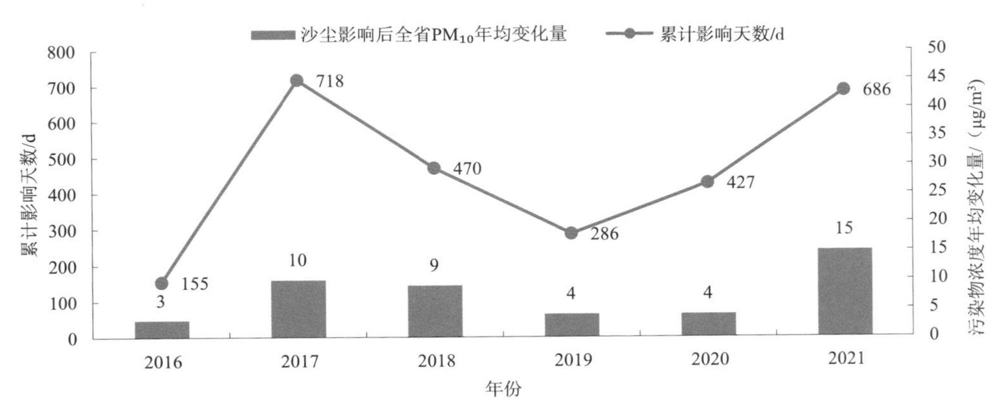

图2-37 2016—2021年沙尘天气过程影响天数及PM_{10}年均值变化

2021年受沙尘过程影响，各城市$PM_{2.5}$年均值升高0.7 $\mu g/m^3$（信阳）～2.6 $\mu g/m^3$（安阳），PM_{10}年均值升高7 $\mu g/m^3$（信阳）～20 $\mu g/m^3$（济源），具体对比见图2–38。

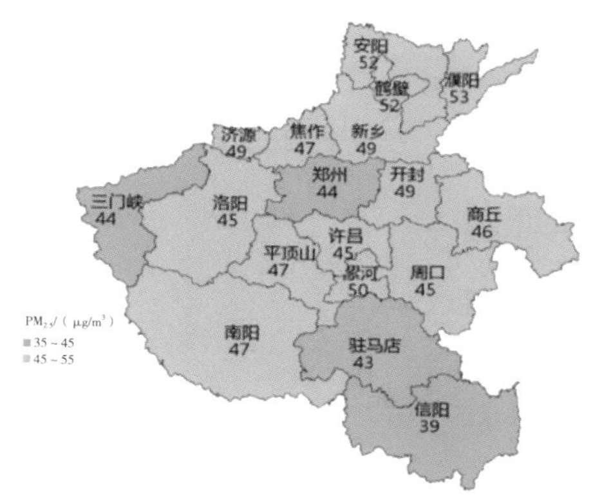

（a）2021年各省辖市及济源示范区
$PM_{2.5}$年均值（扣沙前）

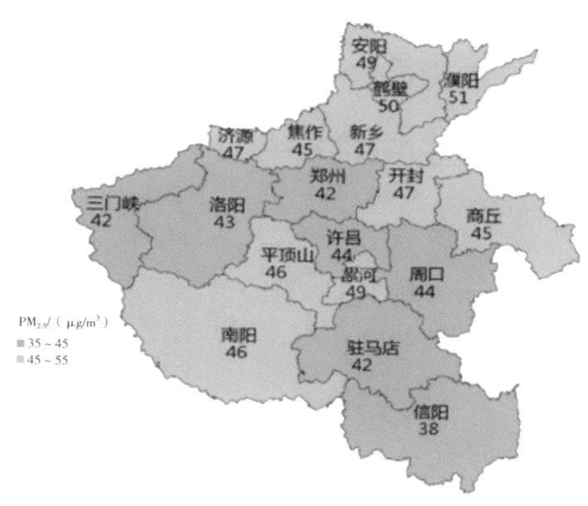

（b）2021年各省辖市及济源示范区
$PM_{2.5}$年均值（扣沙后）

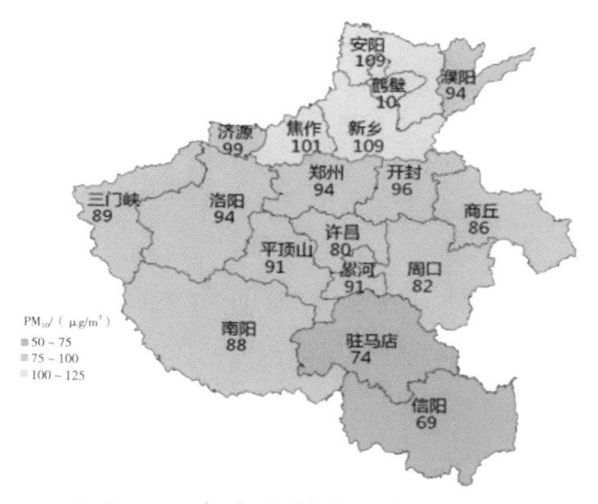

（c）2021年各省辖市及济源示范区
PM_{10}年均值（扣沙前）

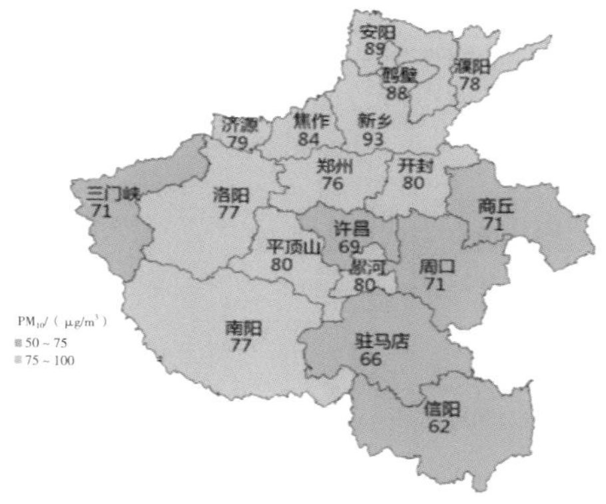

（d）2021年各省辖市及济源示范区
PM_{10}年均值（扣沙后）

图2–38　2021年各城市扣除沙尘影响前后$PM_{2.5}$和PM_{10}年均值变化

2021年影响范围最大、持续时间最长及污染级别最重的沙尘天气发生在3月15日，沙尘从发生、回流和加强持续时间达10 d，17个省辖市及济源示范区均受到影响，各城市PM_{10}均出现了爆表，其中PM_{10}峰值为2 359 $\mu g/m^3$（安阳市3月15日22时）。

2.1.3.3　典型沙尘暴过程对河南省的影响

1. 污染过程分析

2021年5月5日夜间至6日上午，内蒙古西部及甘肃西部、蒙古国南部与我国内蒙古交界地区起沙，6日下午，全省北部、西部边界城市开始受沙尘影响，沙尘强度逐渐加强，大部分城市达重度及以上污染。7日夜间，受偏南气流影响，沙尘回流。8日傍晚至11日全省先后受偏北气流转偏南气流，全省大部分区域仍有沙尘滞留，12—14日全省仍有部分城市受到沙尘滞留影响。受沙尘回流、滞留影响，此次沙尘过程在河南省持续时间较长，持续9 d。

以郑州市为例，根据拉格朗日粒子扩散模式分析（LPDM），后向分析和后向轨迹图显示，7日郑州市主要受西北方向沙尘过程影响，见图2–39。

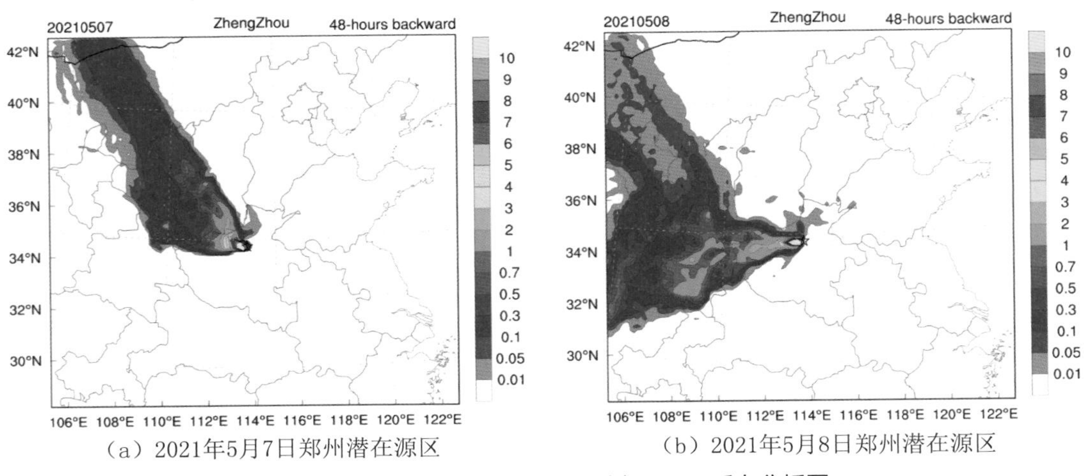

（a）2021年5月7日郑州潜在源区　（b）2021年5月8日郑州潜在源区

图2–39　2021年5月7—8日郑州市LPDM后向分析图

2. $PM_{2.5}$组分变化

综合观测站数据显示，5月6—10日沙尘影响期间，钾、硅、钙等地壳元素占比远高于其他时段，见图2–40。郑州市硅元素占比高达45.6%，平均浓度为8.72 μg/m³，升高明显，是非沙尘期间的20倍以上，见图2–41。

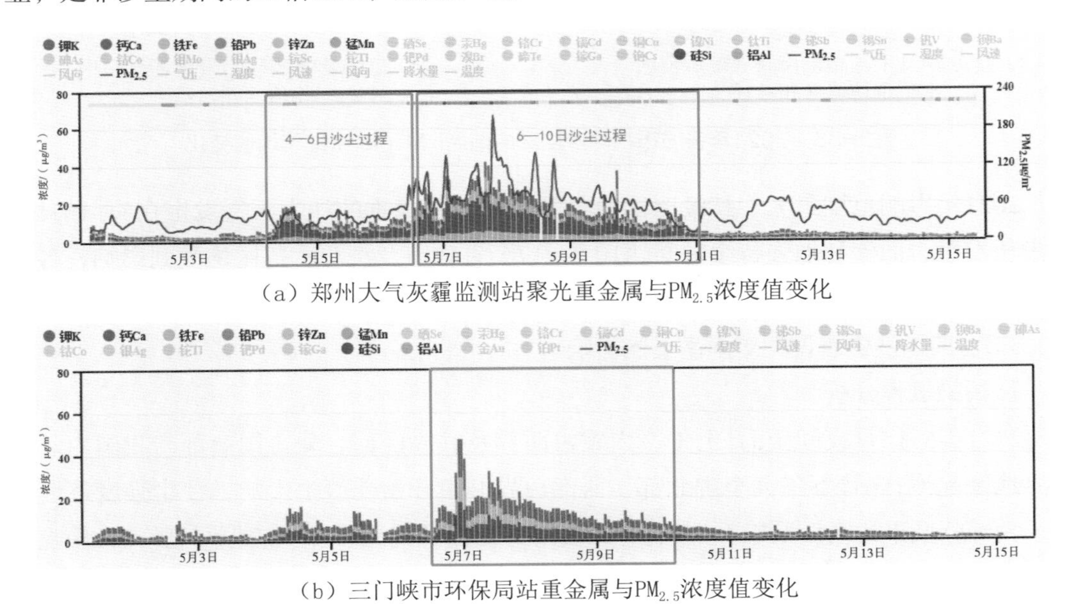

（a）郑州大气灰霾监测站聚光重金属与$PM_{2.5}$浓度值变化

（b）三门峡市环保局站重金属与$PM_{2.5}$浓度值变化

图2–40　郑州、三门峡、安阳3个城市沙尘前后重金属浓度变化

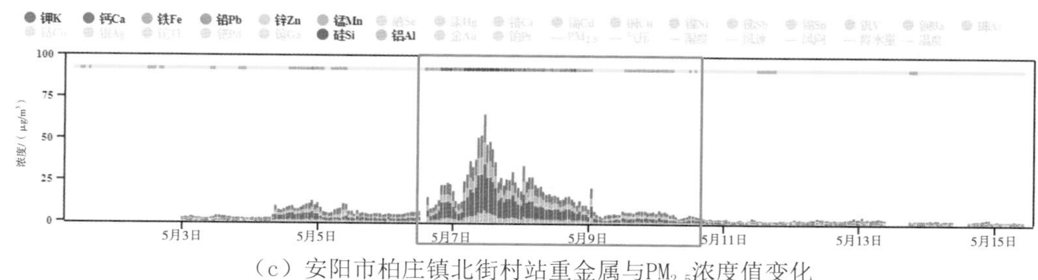

（c）安阳市柏庄镇北街村站重金属与$PM_{2.5}$浓度值变化

续图2-40

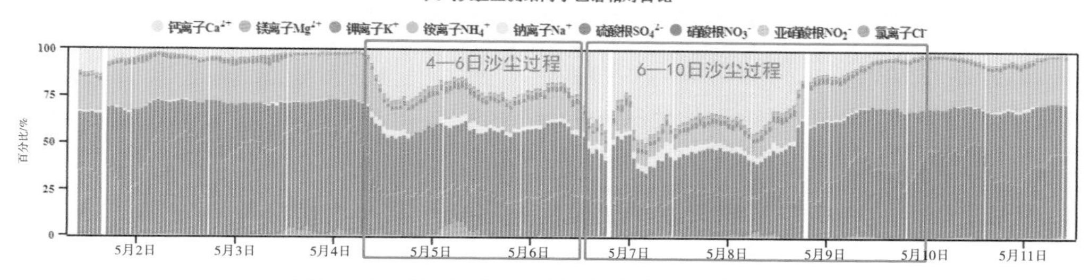

图2-41　郑州市沙尘前后水溶性离子浓度变化

沙尘影响期间，$PM_{2.5}$中水溶性地壳离子浓度也普遍升高，5月4—8日，钾离子、镁离子、钙离子浓度在水溶性离子中占比从2.5%上升至33.0%以上，见图2-42。

图2-42　沙尘期间及非沙尘期间水溶性离子浓度占比

2.1.4　小结与原因分析

2.1.4.1　小结

1. 全省城市环境空气质量持续改善

2021年，全省城市环境空气质量持续改善，主要指标同比实现了“七降一增”，达到近年来最好水平，多项指标改善幅度明显提升，空气质量二级达标县大幅增加，比2020年增加6个县。

（1）全省环境空气质量级别总体为良。信阳、驻马店、三门峡、周口、郑州、洛阳、许昌、商丘、南阳、平顶山10个城市空气质量级别为良，其他8个城市均为轻污染。与2020年相比，全省环境空气质量级别由轻污染变为良。信阳、驻马店2个城市空气质量级别仍为良，郑州、洛阳、平顶山、许昌、三门峡、南阳、商丘、周口8个城市由轻污染变为良，其他8个城市仍为轻污染。

（2）与2020年相比，扣除沙尘天气过程影响，全省$PM_{2.5}$年均浓度值由52 μg/m^{3}下降至45 μg/m^3，下降13.5%；PM_{10}年均浓度值由83 μg/m^{3}下降至77 μg/m^3，下降7.2%。SO_2年均浓度值由10 μg/m^{3}下降至9 μg/m^3，下降10.0%；NO_2年均浓度值由30 μg/m^{3}下降至27 μg/m^3，下降10.0%；CO日均值第95百分位数年均浓度值由1.5 mg/m^{3}下降至1.3 mg/m^3，下降13.3%；O_3日均值第90百分位数年均浓度值由166 μg/m^{3}降低至163 μg/m^3，下降1.8%。全省环境空气质量平均优良比例由66.7%上升至69.8%（含济源），上升3.1个百分点；重度及以上污染天数比例由3.4%升高至3.5%，上升0.1个百分点。

（3）全省县域环境空气质量改善明显，共有15个县（市）环境空气质量$PM_{2.5}$浓度达到国家二级标准限值（35 μg/m^3），与2020年相比增加6个。

2. 臭氧污染仍为影响优良天数的重要因素

全省出现臭氧轻度及以上污染天数平均为40 d，臭氧超标率为10.8%，与去年同期相比，全省臭氧平均超标天数有所下降，减少4 d，臭氧超标率下降1个百分点。17个省辖市及济源示范区合计以臭氧为首要污染物的污染天数为697 d，占全部污染天数（1987 d）的35.1%。

17个省辖市及济源示范区中，臭氧超标天数较多的有济源（66 d）、焦作（64 d）、郑州（58 d）、安阳（58 d）、鹤壁（52 d）、洛阳（52 d）6个城市。与2020年相比，开封、洛阳、漯河、三门峡、南阳、济源6个城市臭氧超标天数上升，其他12个城市臭氧超标天数均下降。

3. 秋冬季仍是拉高全省$PM_{2.5}$浓度的主要时段

从$PM_{2.5}$逐月变化趋势上看，拉高全省$PM_{2.5}$浓度的主要时段为冬季。一般情况下，1月是全年污染最重的时段，其次是12月，然后是2月、11月。2021年4个月共拉高全年浓度37 μg/m^3，其中1月、12月$PM_{2.5}$浓度分别高达92 μg/m^3、63 μg/m^3，比4—9月均值（28 μg/m^3）分别高出64 μg/m^3、35 μg/m^3。

2.1.4.2 原因分析

受地域性特征及不利气象条件等多种因素的影响，颗粒物仍是影响河南省城市环境空气质量的首要污染物，臭氧污染负荷呈上升趋势，呈大气复合型污染特征。原因分析如下：

（1）不利的客观条件仍是影响全省空气质量的主要因素。

①滞留性污染和区域传输加剧污染。

河南省地势西高东低，北、西、南三面环山，东部平原，空气污染状况具有显著的地理分布特征，地形条件导致河南省大气污染物的输出不利，整体是输入状态。冬、春季，受北风影响，河南省西北部、中部分别受到来自山西和陕西方向的西北输送通道、来自河北和山东方向的东北输送通道影响较大；夏、秋季主导风向为东南风，东南部受安徽影响，西南部受湖北影响，存在季节性输送（秸秆焚烧）。此外，河南省无临海城市拉低全省均值，并且处于冷暖气流辐合中心，频繁出现均压场，且常常处于均压场中心，常年风速小于2 m/s，大气清除较弱，污染易滞留，同时河南省处于太行山东侧“背风坡”下，受到高大山脉的阻挡作用，大气扩散条件相对较差，易发生污染物堆积，导致污染时间远远高于周边省份。

②气象条件对空气质量影响显著。

河南省为大陆性季风气候，冬季污染物浓度最高，春、秋季次之，夏季最轻，大气污染物浓度变化呈U形，与冬春季取暖燃煤量大、静风天气有明显关系；受秸秆焚烧影响，每年的6月、10月会出现局部高值。冬季比较容易形成不利于污染物扩散的地面天气形势，地面和低空风速较小，常伴有较强的辐射逆温或低空逆温，导致污染物不断积累；城市建设增大了地面摩擦系数，近地面污染物（低矮锅炉排放口、生活面源、机动车尾气、道路及工地扬尘等）得不到好的横向稀释的条件，容易在城区内积累高浓度污染；而高空有风，大型电厂等企业的高烟囱则相对较易扩散，导致下风向的区域形成外来输送污染。气象条件造成了河南省污染时空分布不均，冬季空气质量改善压力极大，是拉高全年浓度均值的主要时段。对河南省三大重点区域气象条件进行分析，可知：

“2+26”城市中，安阳、濮阳全年主导风向偏南，偏东北风频率也较高，鹤壁偏北风风频较高，济源、焦作、新乡、郑州、开封主导风向均为偏东北风。总体而言，京津冀传输通道城市位于河南北部，风向以东北向、西南向为主。从地形特征上分析，太行山脉位于“2+26”城市的西北侧，有阻挡作用，因此“2+26”城市的风向也促成了河南省与京津冀传输通道其他城市污染扩散过程中的相互影响。而且“2+26”城市的北部和东部分别为污染较重的河北和山东部分各城市，因此结合风向看，北部河北省、东部山东省境内的污染物对“2+26”城市大气污染影响较大。

汾渭平原位于河南省西部，处于豫西山脉与山西省中条山之间，受到山势阻挡，两个城市主导风向均为偏东风，且偏东风的风频在全年占绝对的主导地位，三门峡主导风向为东风，全年东风风频达32%，洛阳主导风向为东北风，全年风频为26%。从大气输送通道看，“2+26”城市对洛阳市大气污染影响较大。

苏皖鲁豫交界地区位于豫东平原，所辖城市风频分布与“2+26”城市及汾渭平原相比较为均匀，平顶山、许昌、漯河主导风向为偏东北风，驻马店为西北风，南阳为偏南风，周口、商丘为南风，信阳为东北风。豫东平原本身地势较为平坦，除信阳南侧有东西的大别山、南阳北侧有伏牛山外，其他区域无显著的地形影响因素。

（2）产业结构和能源结构不尽合理，交通和农业生产对污染的贡献不容忽视。

河南省总面积16.7万km^2，占全国面积的1.74%，却承载了全国近10%的人口，过高的人口密度、经济活动产生巨大的能源消耗，由此产生的废气是大气污染的主要来源。气态污染物（二氧化硫、氮氧化物）由于其性状不稳定，在空气中停留时间短，多以本地污染为主，夏季氮氧化物集中在东南部农业县市；而较为稳定的颗粒物则不仅有本地污染源，也有外来输送，以京广—陇海铁路作为分界线，西北污染较严重，东南污染较轻；太行山山脉东侧存在大气污染物的“聚集带”，工业较为集中，地理条件不利于污染扩散，导致污染物在河南省西北集聚，这与河南省整体的工业布局、自然资源分布和各城市工业企业的发展水平关系密切。

①产业结构转型升级步伐缓慢，是臭氧污染日益加重的主因。

河南省产业结构转型升级步伐缓慢，污染物长期超环境容量排放，多年的经济发展使得大气污染物长期积累；经济总量、能源消耗、人口数量仍将保持较快增长，生态资源、环境容量和经济快速发展的矛盾仍将加剧，并将长期存在。随着经济社会的快速发展，以煤炭为主的能源消耗大幅攀升，机动车保有量急剧增加，氮氧化物（NO_x）和挥发性有机物（VOCs）排放量显著增长。另外，区域传输也是污染形成的原因，臭氧（O_3）和$PM_{2.5}$污染加剧，在PM_{10}和总悬浮颗粒物（TSP）污染还未全面解决的情况下，京津冀及其周边地区（包括河南省）等区域$PM_{2.5}$和臭氧污染加重，河南省夏季、秋末臭氧超标现象频繁发生，严重影响优良天数比例的提升。

②农业氨排放对大气污染有直接影响。

氨气在大气污染中起着重要的推手作用，而农业生产中种植业和畜牧业的排放是大气中氨的主要来源。河南省地处中原腹地，是我国重要农业大省，可耕地面积大，作为全国粮食核心产地，氮肥施用量居于全国首位，且以挥发率较高的尿素和碳铵为主，两者之和占氮肥施用量的95%，氨排放强度较高。尤其是近些年集约化的农业生产，导致高浓度氨污染问题日益严重。氨气作为碱性气体，在大气湿度增高时，更容易与空气中的二氧化硫和氮氧化物发生中和反应，因此也是$PM_{2.5}$中绝大部分二次颗粒物形成的主要原因。此外，氨排放量受到不同农作物施肥时间和环境温度变化等影响呈现明显的季节差异，高温能促进化肥和畜禽粪便铵态氮的挥发，使得氨排放整体呈现出夏季高冬季低的特点，造成河南省部分地区夏季$PM_{2.5}$浓度值升高。

2.2 降 水

2.2.1 现状评价

2.2.1.1 降水酸度

2021年，全省降水pH年均值为6.91，17个省辖市及济源示范区降水pH年均值范围为6.03（三门峡）~7.63（平顶山），未发生酸雨。全省城市降水pH年均值见图2-43、表2-5。

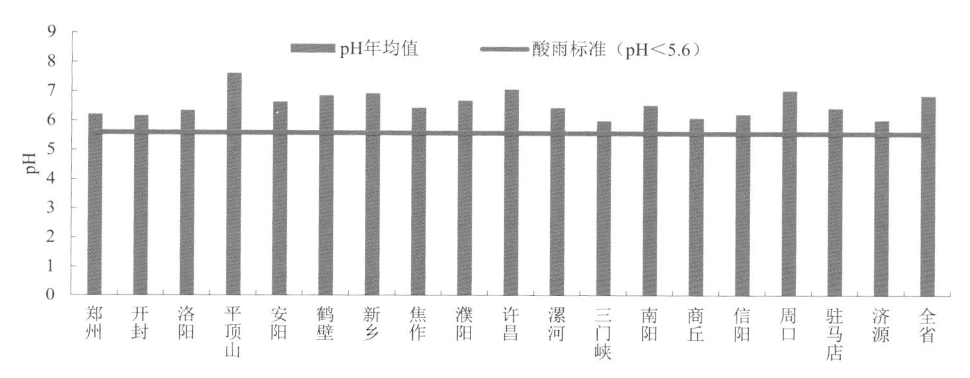

图2-43 2021年全省及各城市降水pH年均值

表2-5 2021年全省及各城市降水pH年均值监测结果

城市名称	最小值	最大值	年平均	监测点次数	酸雨发生率/%
郑州	6.18	7.95	6.22	143	0
开封	6.30	6.90	6.18	57	0
洛阳	6.42	8.07	6.36	93	0
平顶山	7.12	8.70	7.63	51	0
安阳	6.50	8.95	6.66	160	0
鹤壁	7.10	7.97	6.88	84	0
新乡	6.65	7.81	6.96	84	0
焦作	6.44	7.71	6.46	38	0
濮阳	6.21	8.24	6.71	54	0
许昌	7.30	7.80	7.10	42	0
漯河	6.32	7.81	6.47	30	0
三门峡	5.87	7.73	6.03	87	0
南阳	6.77	7.34	6.57	60	0
商丘	6.05	6.95	6.13	40	0
信阳	5.76	8.51	6.26	88	0
周口	7.25	7.81	7.08	16	0
驻马店	6.57	7.66	6.47	68	0
济源	6.05	6.97	6.07	36	0
全省	5.76	8.95	6.91	1231	0

2.2.1.2 降水化学组成

2021年，全省降水化学监测结果表明，降水中阴离子当量浓度（毫克当量/L）由高到低依次为氯离子>硫酸根>硝酸根>氟离子。其中，$SO_4^{2-}/\sum B^-$比值范围为0.28～0.61，硫酸根浓度负荷比（$SO_4^{2-}/\sum B^-=0.39$）小于0.5，表明河南省降水污染主要受硫化物的影响，为硫酸型。洛阳市降水的硫酸型表现最为突出，硫酸根负荷比（$SO_4^{2-}/\sum B^-$）为0.61。

降水中阳离子当量浓度（毫克当量/L）由高到低依次为钙离子>铵离子>镁离子>钠离子>钾离子。其中，钙离子所占比例最大，$Ca^{2+}/\sum B^+$比值范围为0.26～0.84，钙离子浓度负荷比（$Ca^{2+}/\sum B^+$）为0.50。濮阳市降水的钙离子负荷比（$Ca^{2+}/\sum B^+$）为0.84。全省降水离子浓度百分比见图2-44。

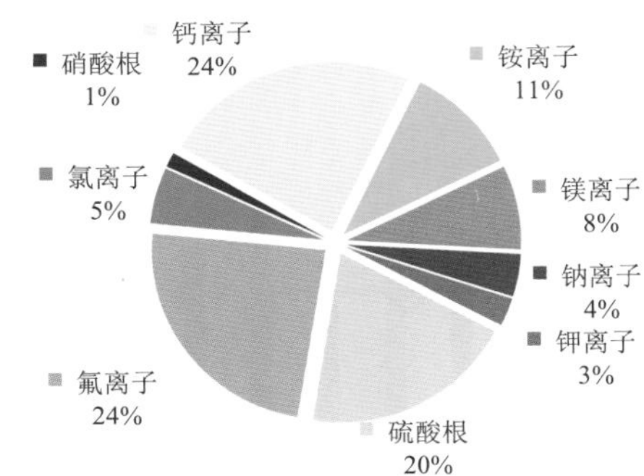

图2-44 2021年全省降水阴、阳离子浓度百分比

2.2.2 年度对比

2.2.2.1 降水酸度

与2020年相比，全省降水pH年均值增加了0.13个单位，平均酸雨发生率仍为0，见图2-45、表2-6。

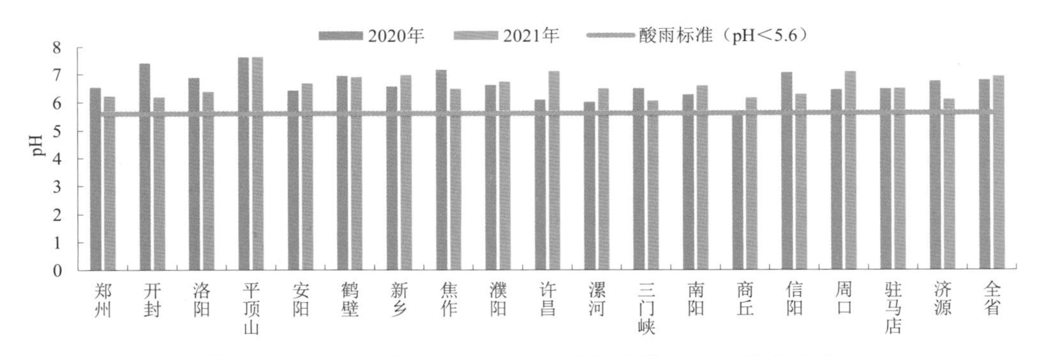

图2-45 2021年与2020年全省及各城市降水pH年均值变化

表2-6 2021年与2020年全省及各城市降水酸度年均值和酸雨发生率变化

城市名称	2020年pH年均值	2021年pH年均值	pH差值	2020年酸雨发生率/%	2021年酸雨发生率/%	发生率变化（百分点）
郑州	6.53	6.22	−0.31	0	0	0
开封	7.41	6.18	−1.23	0	0	0
洛阳	6.87	6.36	−0.51	0	0	0
平顶山	7.63	7.63	0	0	0	0
安阳	6.41	6.66	0.25	0	0	0
鹤壁	6.94	6.88	−0.06	0	0	0
新乡	6.55	6.96	0.41	0	0	0
焦作	7.16	6.46	−0.70	0	0	0
濮阳	6.61	6.71	0.10	0	0	0
许昌	6.08	7.10	1.02	0	0	0
漯河	6.00	6.47	0.47	0	0	0
三门峡	6.48	6.03	−0.45	0	0	0
南阳	6.26	6.57	0.31	0	0	0
商丘	5.61	6.13	0.52	0	0	0
信阳	7.06	6.26	−0.80	0	0	0
周口	6.43	7.08	0.65	0	0	0
驻马店	6.46	6.47	0.01	0	0	0
济源	6.74	6.07	−0.67	0	0	0
全省	6.78	6.91	0.13	0	0	0

2.2.2.2 降水化学组成

与2020年相比，全省降水中氨离子、钾离子、镁离子、硝酸根、氟离子5项离子当量浓度比例分别上升2.0、0.7、3.2、0.4、2.7个百分点，钙离子、钠离子、硫酸根、氯离子4项离子当量浓度比例分别下降4.1、0.8、1.3、0.5个百分点。降水离子当量浓度百分比年度变化见图2-46。

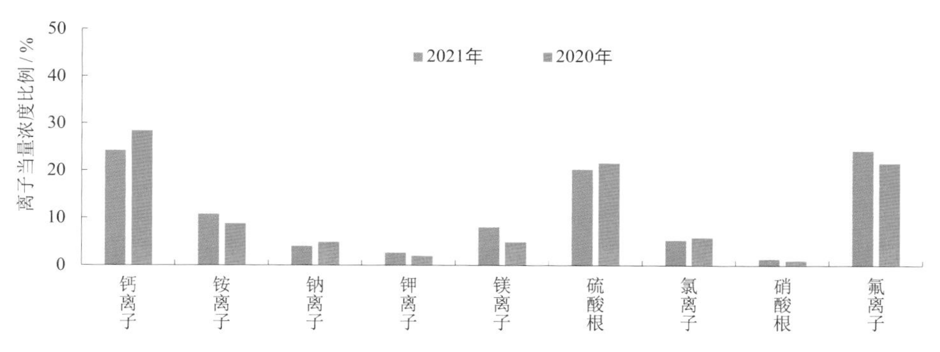

图2-46 2021年与2020年全省降水离子当量浓度百分比变化

2.2.3 小结与原因分析

2.2.3.1 小结

2021年，全省降水pH年均值为6.91，17个省辖市及济源示范区降水pH年均值范围为6.03（三门峡）~7.63（平顶山），未发生酸雨。与2020年相比，全省降水pH年均值增加0.13个单位，酸雨发生率仍为0。

2.2.3.2 原因分析

工业SO_2的排放仍是形成酸雨的主要原因，但随着全省在“十三五”期间大力度的污染治理，SO_2的浓度逐年降低，全省SO_2年均浓度值由二级标准变为一级标准，2021年年均浓度值已降至个位数，未发生酸雨污染。

2.3 地表水环境质量

2.3.1 现状评价

2.3.1.1 河流

2021年全省河流水质级别为轻度污染。其中：长江流域为优，黄河流域为良好，淮河流域、海河流域为轻度污染。评价结果见图2-47。

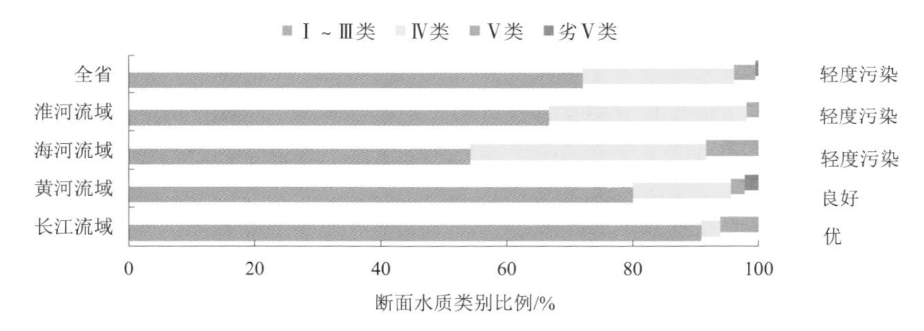

图2-47 全省及省辖四大流域水质状况

205个省控断面中，1个断面断流，Ⅰ~Ⅲ类水质断面占比72.1%，Ⅳ类水质断面占比24.0%，Ⅴ类水质断面占比3.4%，劣Ⅴ类水质断面占比0.5%，见表2-7、图2-48。

表2-7 2021年全省及省辖四大流域水质类别统计 单位：个

流域名称	Ⅰ~Ⅲ类	Ⅳ类	Ⅴ类	劣Ⅴ类	数量
淮河流域	68	32	2	0	102
海河流域	13	9	2	0	24

续表2-7

流域名称	Ⅰ～Ⅲ类	Ⅳ类	Ⅴ类	劣Ⅴ类	数量
黄河流域	36	7	1	1	45
长江流域	30	1	2	0	33
全省	147	49	7	1	204

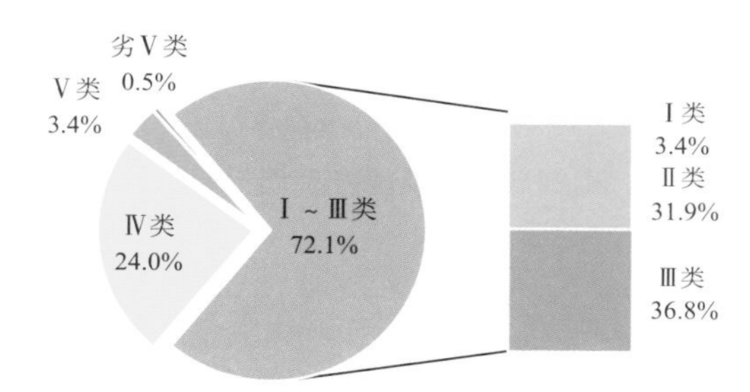

图2-48　全省河流断面水质类别比例

21项评价因子中有7项因子出现超标情况，主要超标因子为化学需氧量、总磷和高锰酸盐指数，见表2-8。

表2-8　2021年全省河流断面超标因子情况统计

因子	超标率/%	年均值范围/（mg/L）	年均值最高断面及超标倍数	
			年均值最高断面	超标倍数
化学需氧量	14.7	7.2～34.7	二道河入黄口	0.7
总磷	13.7	0.005～0.372	灰河水寨乡屈庄	0.9
高锰酸盐指数	10.3	1.1～9.8	沱河永城张板桥	0.6
五日生化需氧量	7.8	0.4～5.8	洺河郸城杨楼闸	0.4
氨氮	5.9	0.02～2.26	二道河入黄口	1.3
氟化物	4.9	0.145～1.299	二道河入黄口	0.3
石油类	0.5	0.004～0.06	毗河泌阳县	0.2

全省监测的99条河流中，河流水质级别为优的有34条，良好的有34条，轻度污染的有28条，中度污染的有2条，重度污染的有1条。水质级别为优的河流有：淮河流域的淮河干流、清水河、闾河、臻头河、白露河、史河、灌河、北汝河、澧河、赵王河，海河流域的淇河、淅河、安阳河、露水河，黄河流域的黄河干流、双桥河、文峪河、枣香河、阳平河、宏农涧河、好阳河、洛河（伊洛河）、伊河、大峪河、沁河、丹河，长江流域的倒水、丹江、淇河、老灌河、蛇尾河、丁河、湍河、唐河，见图2-49。

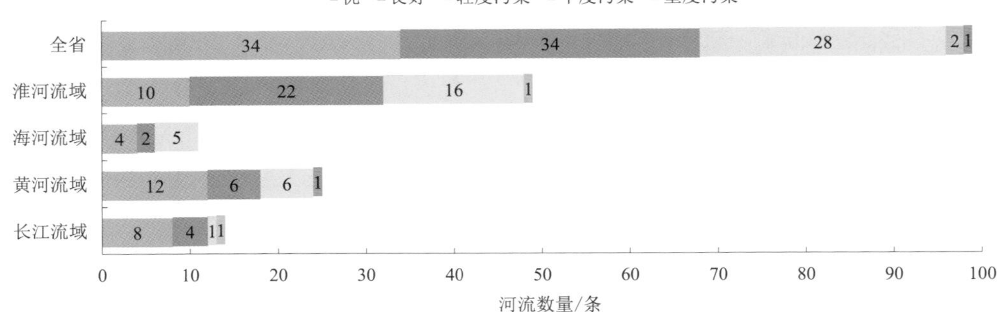

图2-49 2021年全省及省辖四大流域河流水质状况

1. 淮河流域

淮河流域水质级别为轻度污染。主要污染因子为化学需氧量、总磷和高锰酸盐指数。

1）水质类别评价

在102个监测断面中，Ⅰ~Ⅲ类水质断面占66.7%；Ⅳ类水质断面占31.4%；Ⅴ类水质断面占2.0%，无劣Ⅴ类水质断面，见图2-50和图2-51。

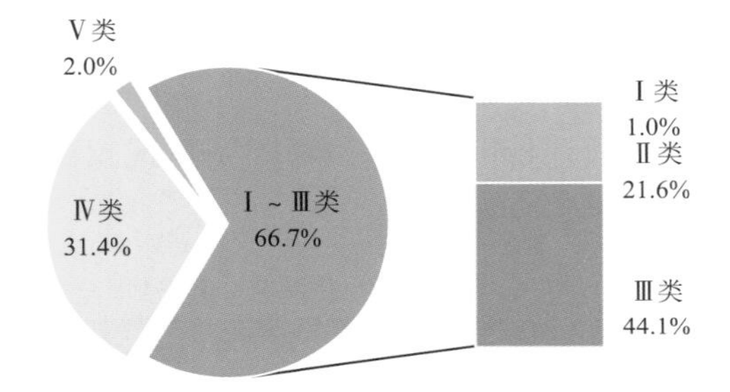

图2-50 省辖淮河流域河流断面水质类别比例

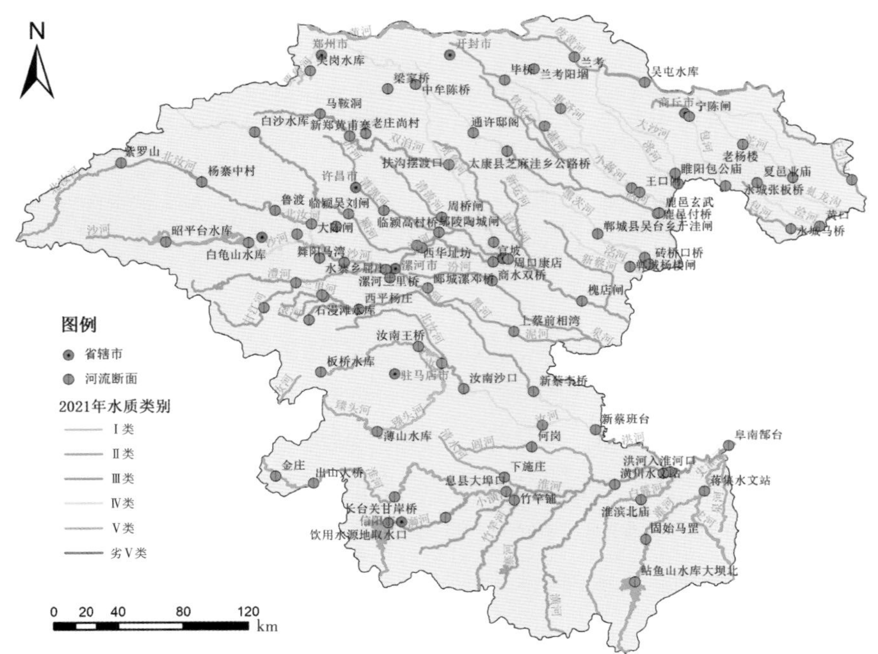

图2-51 省辖淮河流域河流断面水质类别比例

2）超标因子评价

淮河流域有6项因子出现超标，主要超标因子为化学需氧量、总磷和高锰酸盐指数，见表2-9。

表2-9　2021年省辖淮河流域断面超标因子情况统计

因子	超标率/%	年均值范围/（mg/L）	年均值最高断面及超标倍数	
			年均值最高断面	超标倍数
化学需氧量	18.6	7.2～29.8	洋湖渠湛北姚庄村	0.5
总磷	15.7	0.008～0.372	灰河水寨乡屈庄	0.9
高锰酸盐指数	14.7	1.8～9.8	沱河永城张板桥	0.6
五日生化需氧量	9.8	0.7～5.8	洺河郸城杨楼闸	0.4
氟化物	5.9	0.145～1.174	浍河黄口	0.2
氨氮	3.9	0.02～1.17	洋湖渠湛北姚庄村	0.2

化学需氧量：81.4%的断面浓度年均值为Ⅰ～Ⅲ类，18.6%的断面浓度年均值为Ⅳ类。

总磷：84.3%的断面浓度年均值为Ⅰ～Ⅲ类，13.7%的断面浓度年均值为Ⅳ类，2.0%的断面浓度年均值为Ⅴ类。

高锰酸盐指数：85.3%的断面浓度年均值为Ⅰ～Ⅲ类，14.7%的断面浓度年均值为Ⅳ类。

五日生化需氧量：90.2%的断面浓度年均值为Ⅰ～Ⅲ类，9.8%的断面浓度年均值为Ⅳ类。

氟化物：94.1%的断面浓度年均值为Ⅰ～Ⅲ类，5.9%的断面浓度年均值为Ⅳ类。

氨氮：96.1%的断面浓度年均值为Ⅰ～Ⅲ类，3.9%的断面浓度年均值为Ⅳ类。

3）河流定性评价

监测的49条河流中（同一水质级别按河流综合污染指数从低到高排列），臻头河、灌河、北汝河、白露河、澧河、淮河干流、史河、闾河、清水河、赵王河10条河流水质级别为优；滚河、潢河、竹竿河、沙河、汾河、黄河故道、汝河、梅河、吴公渠、双洎河、颍河、泥河（黑河）、浉河、洪河、黑河、贾鲁河、清潩河、泉河、清流河、王引河、杜庄河、惠济河22条河流水质级别为良好；清水河（油河）、唐江河、三里河、涡河、丈八沟、八里河、浍河、大沙河、黑茨河、包河、小蒋河、永安沟、沱河、杨大河、洋湖渠、洺河16条河流水质级别为轻度污染；灰河为中度污染。河流定性评价见图2-52。

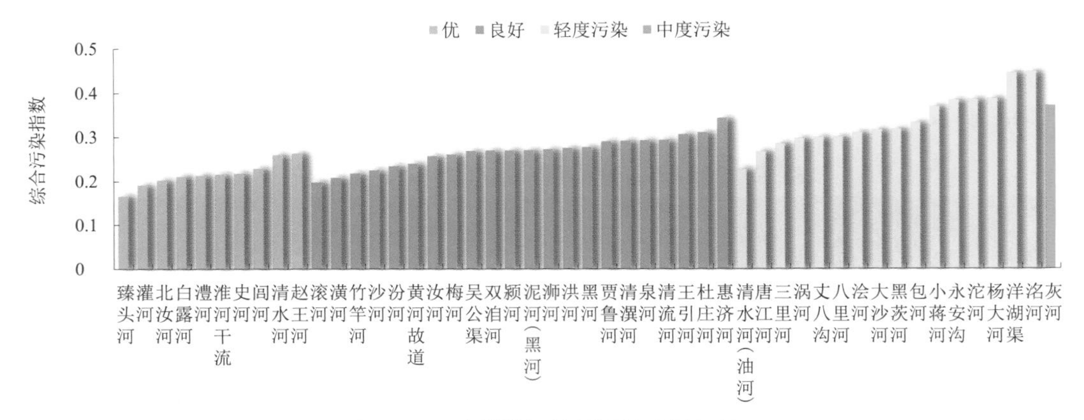

图2-52 省辖淮河流域河流定性评价

4）主要河流沿程变化

淮河干流水质级别为优。金庄、出山大桥、长台关甘岸桥、息县大埠口水质级别为优，桐柏淮河桥、淮滨水文站、王家坝、阜南部台水质级别为良好。淮河干流总磷、高锰酸盐指数浓度沿程变化见图2-53。

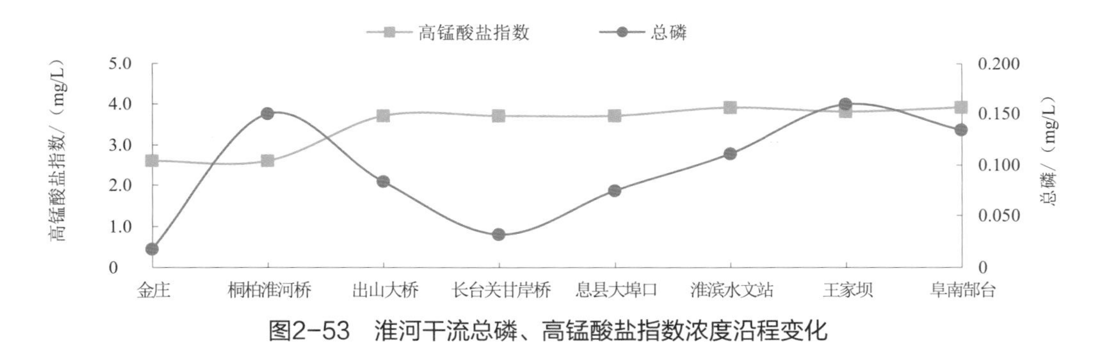

图2-53 淮河干流总磷、高锰酸盐指数浓度沿程变化

洪河水质级别为良好。上游滚河石漫滩水库水质级别为良好，西平杨庄、新蔡李桥断面为良好，至新蔡班台水质为轻度污染（总磷超标50%），至洪河入淮河口水质为良好。洪河总磷浓度沿程变化见图2-54。

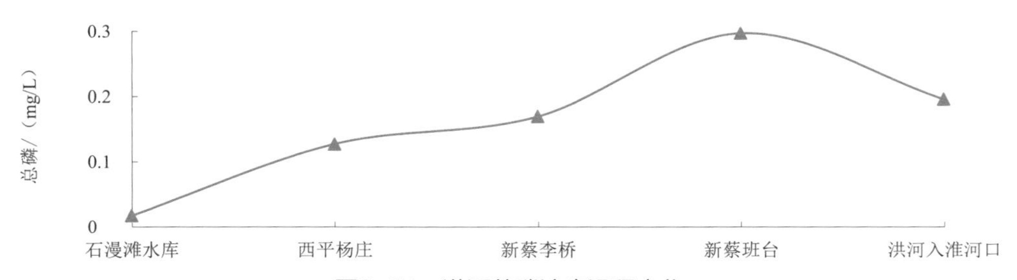

图2-54 洪河总磷浓度沿程变化

颍河水质级别为良好。上游白沙水库水质级别为轻度污染（氟化物超标10%）；流经许昌市后，临颍吴刘闸水质为良好；流经漯河市后，西华址坊水质为良好；周口市周口康店、沈丘槐店闸水质为良好；出省境断面界首七渡口水质为良好。颍河氟化物浓度沿程变化见图2-55。

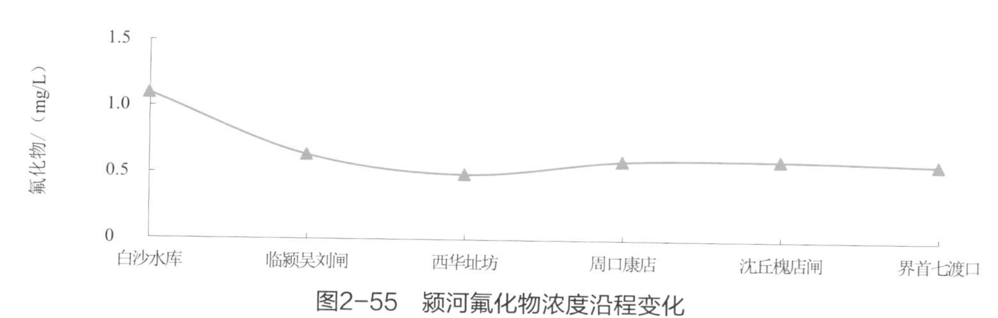

图2-55 颍河氟化物浓度沿程变化

2. 海河流域

海河流域水质级别为轻度污染。主要超标因子为化学需氧量、总磷和氨氮。

1）水质类别评价

24个省控断面中，Ⅰ～Ⅲ类水质断面占比54.2%，Ⅳ类水质断面占比37.5%，Ⅴ类水质断面占比8.3%，无劣Ⅴ类水质断面，见图2-56和图2-57。

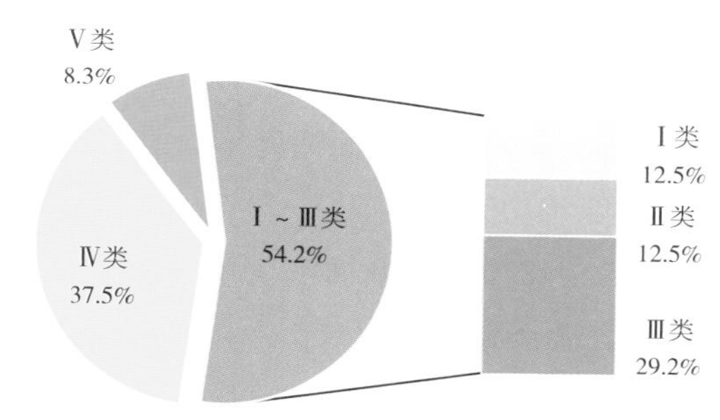

图2-56 省辖海河流域河流断面水质类别比例

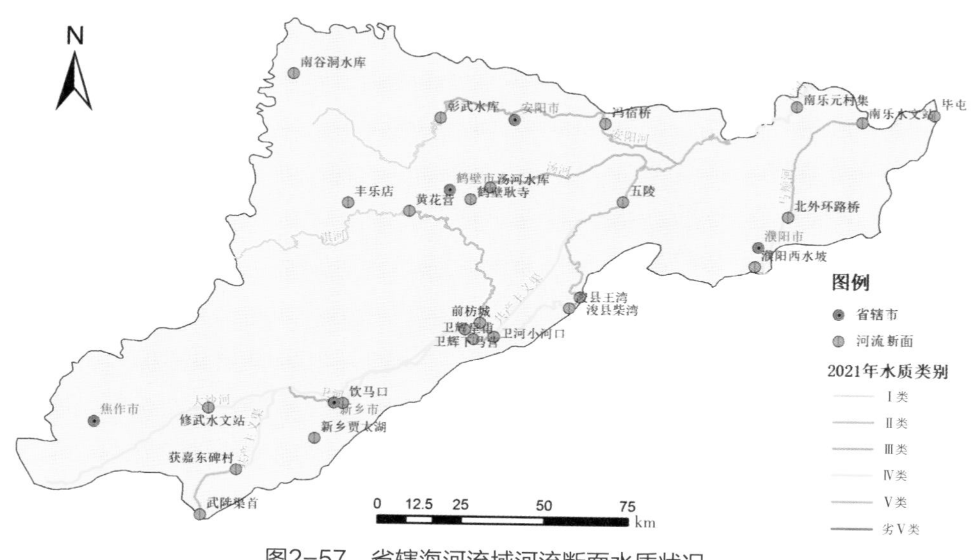

图2-57 省辖海河流域河流断面水质状况

2）超标因子评价

海河流域有6项因子出现超标情况，主要超标因子为化学需氧量、总磷和氨氮，见表2–10。

表2–10 2021年省辖海河流域断面超标因子情况统计

因子	超标率/%	年均值范围/（mg/L）	年均值最高断面及超标倍数	
			年均值最高断面	超标倍数
化学需氧量	25.0	7.5 ~ 27.3	卫河南乐元村集	0.4
总磷	20.8	0.010 ~ 0.349	卫河五陵	0.7
氨氮	12.5	0.04 ~ 1.55	共产主义渠获嘉东碑村	0.6
高锰酸盐指数	8.3	1.3 ~ 7.0	卫河五陵	0.2
氟化物	4.2	0.188 ~ 1.062	大沙河修武水文站	0.1
五日生化需氧量	4.2	0.4 ~ 4.3	卫河浚县王湾	0.1

化学需氧量：75.0%的断面浓度年均值为Ⅰ～Ⅲ类，25.0%的断面浓度年均值为Ⅳ类。

总磷：79.2%的断面浓度年均值为Ⅰ～Ⅲ类，16.7%断面浓度年均值为Ⅳ类，4.2%的断面浓度年均值为Ⅴ类。

氨氮：87.5%的断面浓度年均值为Ⅰ～Ⅲ类，8.3%的断面浓度年均值为Ⅳ类，4.2%的断面浓度年均值为Ⅴ类。

高锰酸盐指数：91.7%的断面浓度年均值为Ⅰ～Ⅲ类，8.3%的断面浓度年均值为Ⅳ类。

氟化物：95.8%的断面浓度年均值为Ⅰ～Ⅲ类，4.2%的断面浓度年均值为Ⅳ类。

五日生化需氧量：95.8%的断面浓度年均值为Ⅰ～Ⅲ类，4.2%的断面浓度年均值为Ⅳ类。

3）河流定性评价

监测的11条河流中（同一水质级别按河流综合污染指数从低到高排列），露水河、淇河、淅河、安阳河4条河流水质级别为优；马颊河、共产主义渠2条河流水质级别为良好；人民胜利渠、汤河、大沙河、卫河、徒骇河5条河流水质级别为轻度污染，河流定性评价见图2–58。

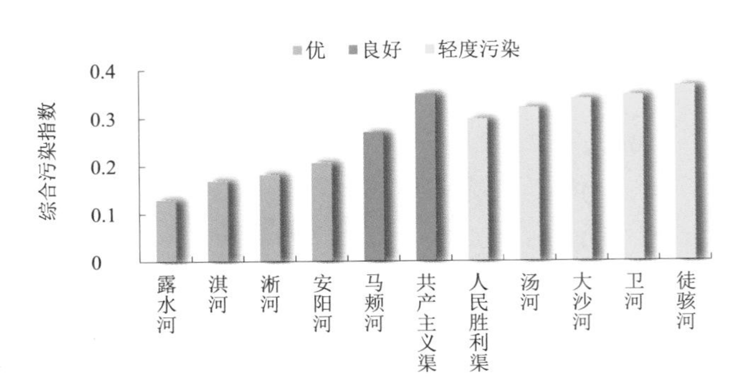

图2–58 省辖海河流域河流定性评价

4）主要河流沿程变化

卫河水质级别为轻度污染。上游大沙河修武水文站水质级别为轻度污染（氟化物超标0.1倍、总磷超标0.02倍）卫辉皇甫为轻度污染（氨氮超标0.4倍），小河口水质为良好，浚县王湾段水质为轻度污染（生化需氧量超标0.1倍、化学需氧量超标0.1倍、高锰酸盐指数超标0.02倍），浚县柴湾水质为良好，汤阴五陵为中度污染（化学需氧量超标0.1倍、总磷超标0.7倍、高锰酸盐指数超标0.2倍），南乐元村集，为轻度污染（化学需氧量超标0.4倍），大名龙王庙为良好。卫河总磷、化学需氧量、高锰酸盐指数浓度沿程变化见图2-59。

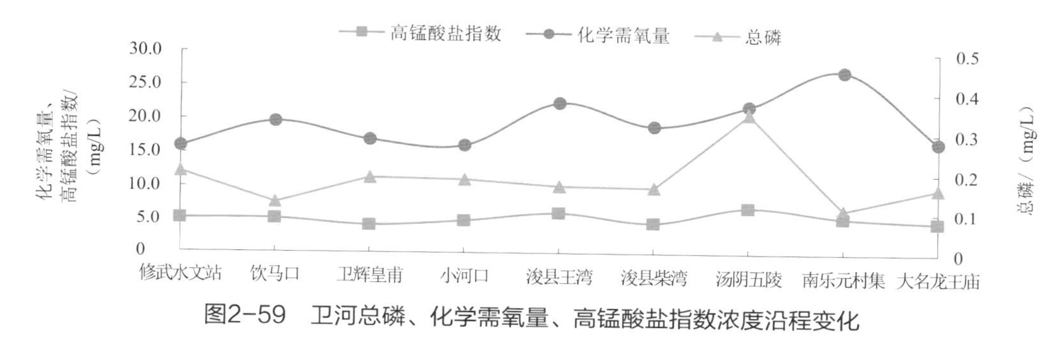

图2-59 卫河总磷、化学需氧量、高锰酸盐指数浓度沿程变化

马颊河水质级别为良好。濮阳西水坡水质级别为优，北外环路桥为轻度污染（氨氮超标20%），至南乐水文站出境水质级别为良好。马颊河氨氮浓度沿程变化见图2-60。

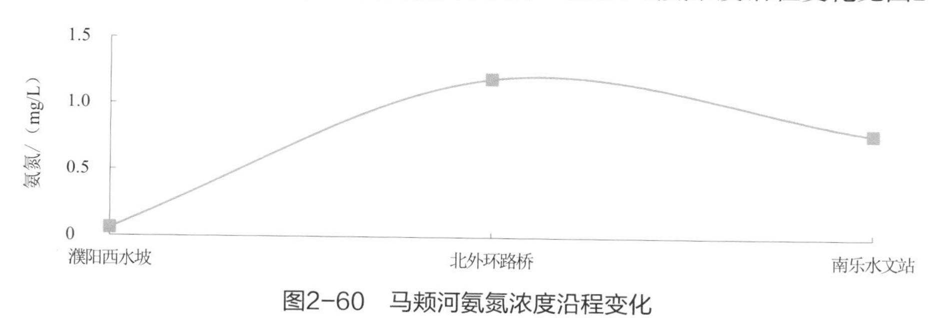

图2-60 马颊河氨氮浓度沿程变化

3. 黄河流域

黄河流域水质级别为良好。

1）水质类别评价

46个省控断面（监测45个，西石露头断流）中，Ⅰ～Ⅲ类水质断面占比80.0%，Ⅳ类水质断面占比15.6%，Ⅴ类水质断面占比2.2%，劣Ⅴ类水质断面占比2.2%，见图2-61和图2-62。

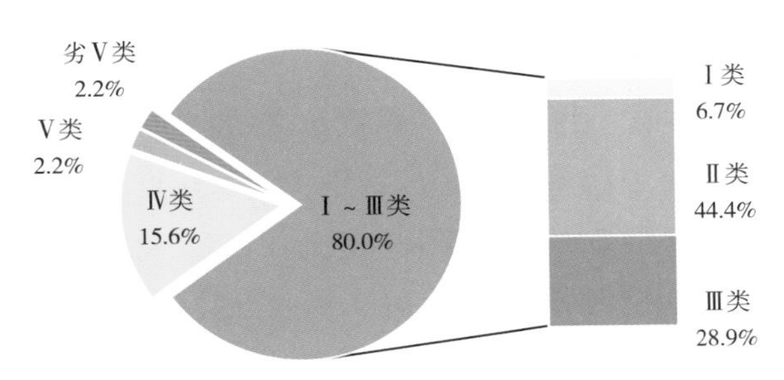

图2-61 省辖黄河流域河流断面水质类别比例

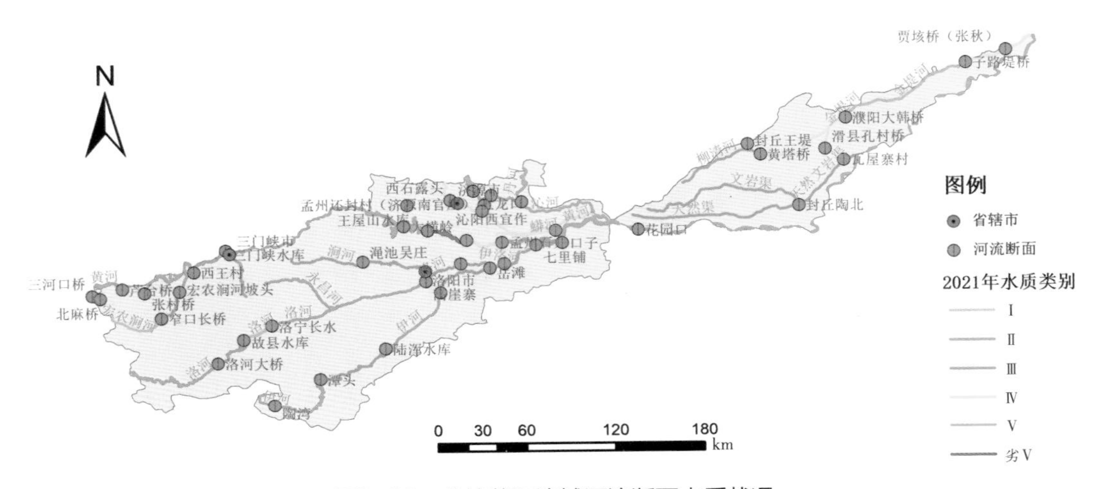

图2-62 省辖黄河流域河流断面水质状况

2）超标因子评价

黄河流域有6项因子出现超标情况，主要超标因子为化学需氧量、总磷和高锰酸盐指数，见表2-11。

表2-11 2021年省辖黄河流域断面超标因子情况统计

因子	超标率/%	年均值范围/（mg/L）	年均值最高断面及超标倍数	
			年均值最高断面	超标倍数
化学需氧量	11.1	7.5 ~ 34.7	二道河入黄口	0.7
总磷	11.1	0.005 ~ 0.368	二道河入黄口	0.8
高锰酸盐指数	8.9	1.1 ~ 8.3	金堤河贾垓桥（张秋）	0.4
五日生化需氧量	8.9	0.7 ~ 4.8	金堤河贾垓桥（张秋）	0.2
氟化物	6.7	0.220 ~ 1.299	二道河入黄口	0.3
氨氮	6.7	0.02 ~ 2.26	二道河入黄口	1.3

化学需氧量：88.9%的断面浓度年均值为Ⅰ ~ Ⅲ类，8.9%的断面浓度年均值为Ⅳ

类，2.2%的断面浓度年均值为Ⅴ类。

总磷：88.9%的断面浓度年均值为Ⅰ～Ⅲ类，6.7%的断面浓度年均值为Ⅳ类，4.4%的断面浓度年均值为Ⅴ类。

高锰酸盐指数：91.1%的断面浓度年均值为Ⅰ～Ⅲ类，8.9%的断面浓度年均值为Ⅳ类。

五日生化需氧量：91.1%的断面浓度年均值为Ⅰ～Ⅲ类，8.9%的断面浓度年均值为Ⅳ类。

氟化物：93.3%的断面浓度年均值为Ⅰ～Ⅲ类，6.7%的断面浓度年均值为Ⅴ类。

氨氮：93.3%的断面浓度年均值为Ⅰ～Ⅲ类，2.2%的断面浓度年均值为Ⅳ类，2.2%的断面浓度年均值为Ⅴ类，2.2%的断面浓度年均值为劣Ⅴ类。

3）河流定性评价

监测的25条河流中（同一水质级别按河流综合污染指数从低到高排列），大峪河、双桥河、文峪河、好阳河、沁河、宏农涧河、伊河、枣香河、洛河（伊洛河）、黄河干流、阳平河、丹河12条河流水质级别为优；西柳青河、涧河、汜水河、天然渠、文岩渠、天然文岩渠6条河流水质级别为良好；济河、滩区涝河、黄庄河、漭河、新漭河、金堤河6条河流水质级别为轻度污染；二道河水质级别为重度污染。河流定性评价见图2-63。

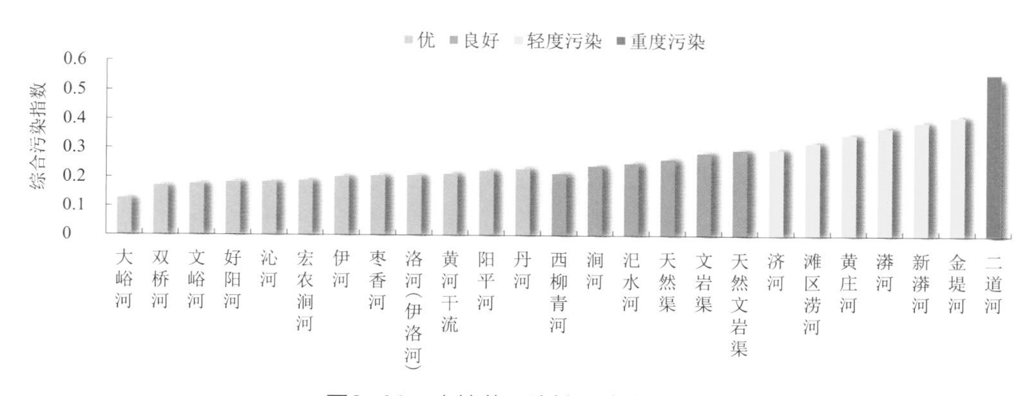

图2-63　省辖黄河流域河流定性评价

4）主要河流沿程变化

黄河干流水质级别为优。三门峡水库水质级别为优，小浪底水库南山水质级别为良好、大横岭为优，自小浪底水库、花园口至出省境刘庄水质级别为优。黄河干流总磷浓度沿程变化见图2-64。

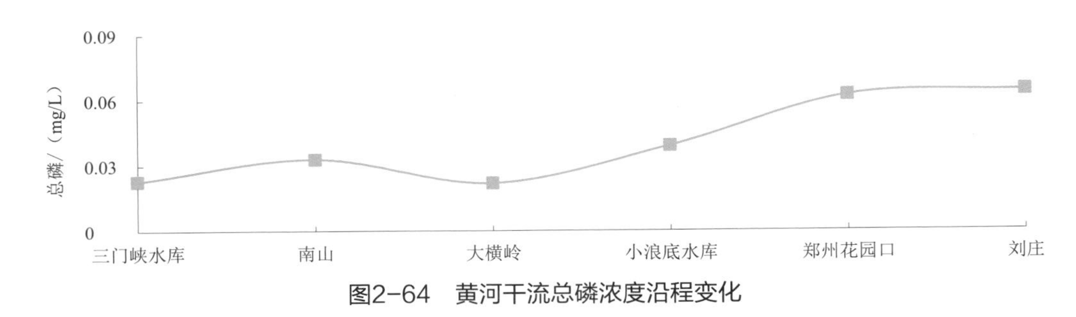

图2-64 黄河干流总磷浓度沿程变化

洛河水质级别为优。支流伊河水质为优。洛河大桥、故县水库、洛宁长水、洛阳高崖寨水质为优；洛阳白马寺至伊洛河汇合处及入黄河干流前巩义七里铺水质为良好。洛河（伊洛河）化学需氧量浓度沿程变化见图2-65。

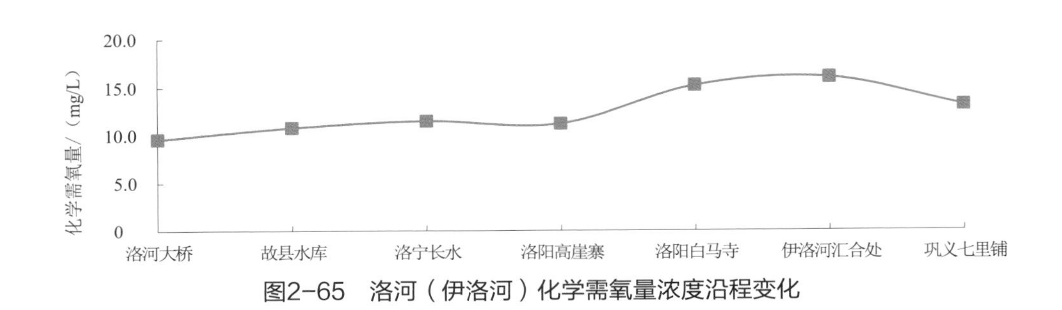

图2-65 洛河（伊洛河）化学需氧量浓度沿程变化

金堤河水质级别为轻度污染。濮阳大韩桥水质级别为轻度污染（高锰酸盐指数超标0.2倍、生化需氧量超标0.1倍、化学需氧量超标0.05倍），子路堤桥为中度污染（氨氮超标0.7倍、总磷超标0.6倍、化学需氧量超标0.2倍、高锰酸盐指数超标0.2倍、五日生化需氧量超标0.1倍），至出省境断面贾垓桥超标（张秋）（化学需氧量超标0.4倍、高锰酸盐指数超标0.4倍、五日生化需氧量超标0.2倍）水质级别均为轻度污染。金堤河化学需氧量、高锰酸盐指数、五日生化需氧量浓度沿程变化见图2-66。

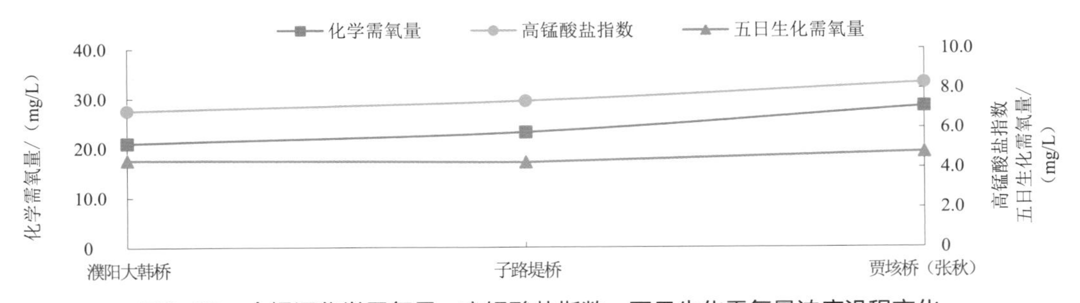

图2-66 金堤河化学需氧量、高锰酸盐指数、五日生化需氧量浓度沿程变化

4. 长江流域

长江流域水质级别为优。

1）水质类别评价

在33个省控断面中，Ⅰ～Ⅲ类水质断面占90.9%，Ⅳ类水质断面占3.0%，Ⅴ类水质断面占6.1%，无劣Ⅴ类水质断面，见图2-67和图2-68。

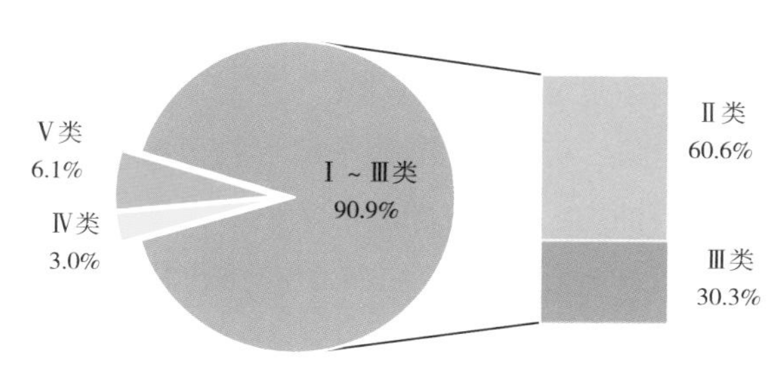

图2-67 省辖长江流域河流断面水质类别比例

图2-68 省辖长江流域河流断面水质类别比例

2）超标因子评价

长江流域有4项因子出现超标情况，见表2-12。

表2-12 2021年省辖长江流域断面超标因子情况统计

因子	超标率/%	年均值范围/（mg/L）	年均值最高断面及超标倍数	
			年均值最高断面	超标倍数
总磷	6.1	0.011～0.363	白河南阳市上范营	0.8
氨氮	6.1	0.03～1.97	白河南阳市上范营	1.0
石油类	3.0	0.005～0.060	毗河泌阳县	0.2
五日生化需氧量	3.0	0.8～4.2	毗河泌阳县	0.05

总磷：93.9%的断面浓度年均值为Ⅰ～Ⅲ类，3.0%的断面浓度年均值为Ⅳ类，3.0%的断面浓度年均值为Ⅴ类。

氨氮：93.9%的断面浓度年均值为Ⅰ～Ⅲ类，6.1%的断面浓度年均值为Ⅴ类。

石油类：97.0%的断面浓度年均值为Ⅰ～Ⅲ类，3.0%的断面浓度年均值为Ⅳ类。

五日生化需氧量：97.0%的断面浓度年均值为Ⅰ～Ⅲ类，3.0%的断面浓度年均值为Ⅳ类。

3）河流定性评价

监测的14条河流（同一水质级别按河流综合污染指数从低到高排列），倒水、淇河、老灌河、丁河、丹江、蛇尾河、湍河、唐河8条河流水质级别为优；刁河、白河、溧河、泌阳河4条河流水质级别为良好；毗河水质级别为轻度污染；排子河水质级别为中度污染。河流定性评价见图2–69。

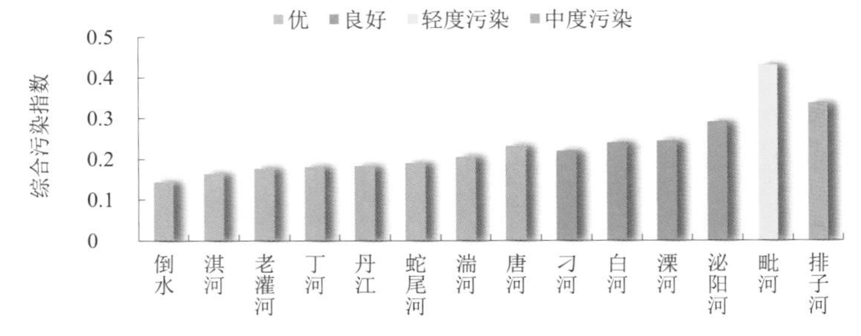

图2–69 省辖长江流域河流定性评价

4）主要河流沿程变化

白河水质级别为良好。白土岗镇柿园村水质为优，鸭河口水库坝下水质为优，南阳盆窑水质为优，南阳市上范营水质为中度污染（氨氮超标1.0倍、总磷超标0.8倍）；上港公路桥水质为良好，新野新甸铺水质为良好，出省境断面翟湾水质为良好。主要污染因子总磷、氨氮沿程变化见图2–70。

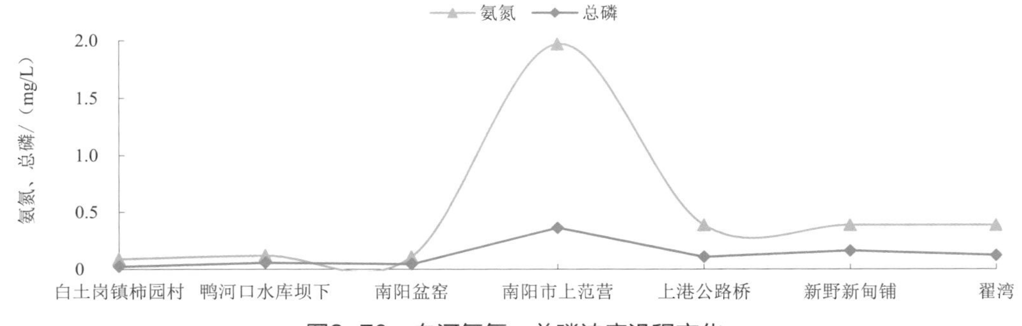

图2–70 白河氨氮、总磷浓度沿程变化

唐河水质级别为优。唐河方城县、方城夏河水质级别为优，五里河渡口、郭滩至出省境断面埠口水质级别均为良好。唐河化学需氧量浓度沿程变化见图2–71。

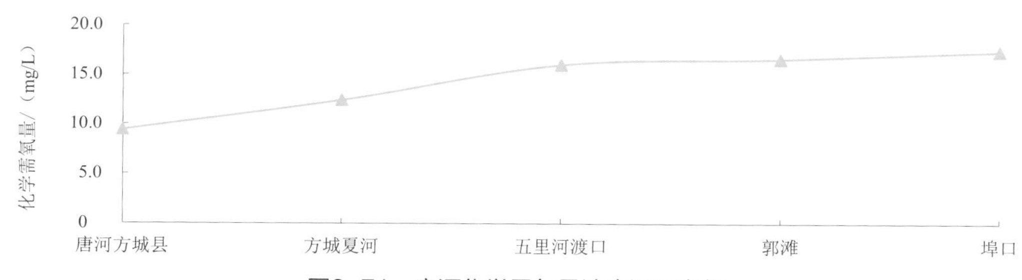

图2-71　唐河化学需氧量浓度沿程变化

2.3.1.2　水库

全省水库总体水质级别为优，营养状态为中营养。

1. 水质状况

25个省控大、中型水库中，Ⅱ类水质水库占56.0%；Ⅲ类水质水库占40.0%；Ⅴ类水质水库占4.0%。总氮为Ⅱ类的水库占4.0%，总氮为Ⅲ类的水库占28.0%，总氮为Ⅳ类的水库占20.0%，总氮为Ⅴ类的水库占20.0%，总氮为劣Ⅴ类的水库占28.0%。评价结果见图2-72。

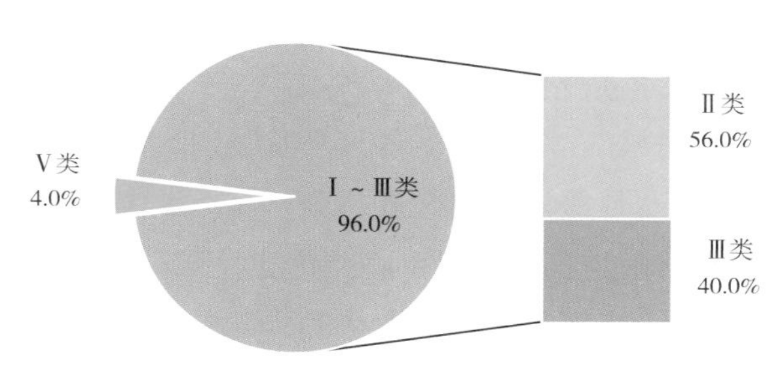

图2-72　全省水库水质类别比例

南水北调中线工程水源地丹江口水库陶岔水质符合Ⅱ类标准，总氮单独评价时符合Ⅳ类标准。

2. 超标因子

全省水库21项评价因子中有1项因子出现超标，见表2-13。

表2-13　2021年全省水库点位超标因子情况统计

因子	超标率/%	年均值范围/（mg/L）	年均值最高点位及超标倍数	
			年均值最高点位	超标倍数
总磷	4.0	0.008～0.192	宿鸭湖水库	2.8

3. 营养状态

全省水库营养状态为中营养。其中丹江口水库、鲇鱼山水库为贫营养，白沙水库、宿鸭湖水库为轻度富营养，其他21个水库为中营养，见图2-73。

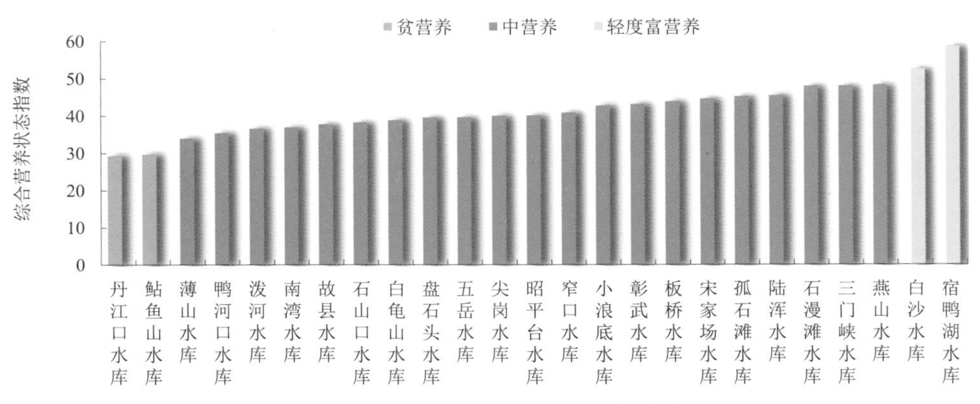

图2-73 全省大、中型水库营养状态分级

2.3.1.3 河流断面月际变化

1. 水质变化

2021年，全省河流各月水质级别除12月为良好外，其余月份均为轻度污染。淮河流域各月水质级别均为轻度污染；海河流域12月为良好，其余各月均为轻度污染；黄河流域2/3时段为良好、1/3时段为轻度污染；长江流域在良好、优、轻污染之间波动，超半数时段为良好。Ⅰ～Ⅲ类、劣Ⅴ类水质类别变化见图2-74～图2-78。

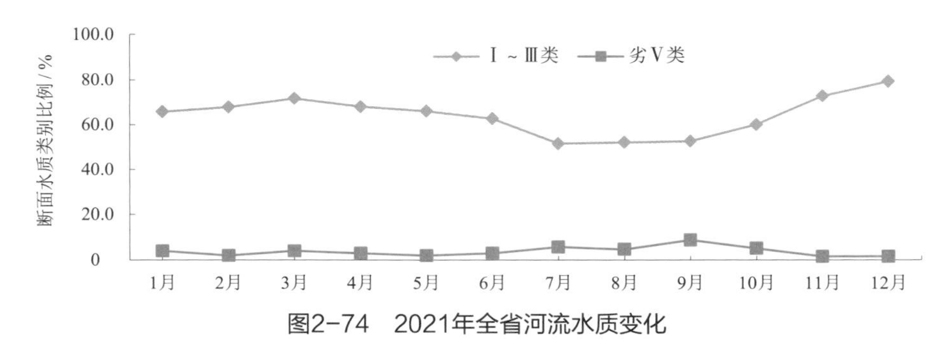

图2-74 2021年全省河流水质变化

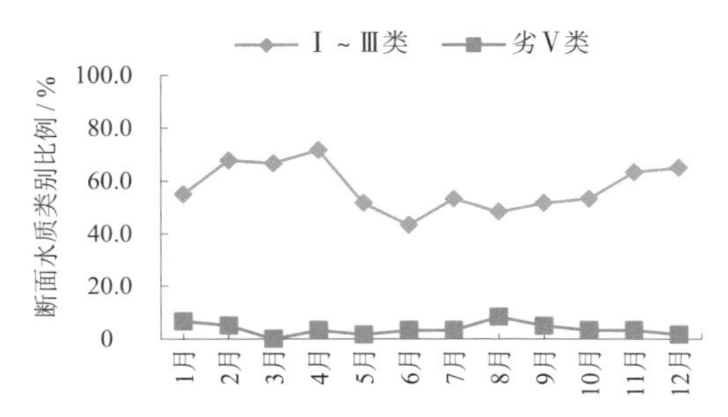

图2-75 2021年省辖淮河流域河流水质变化

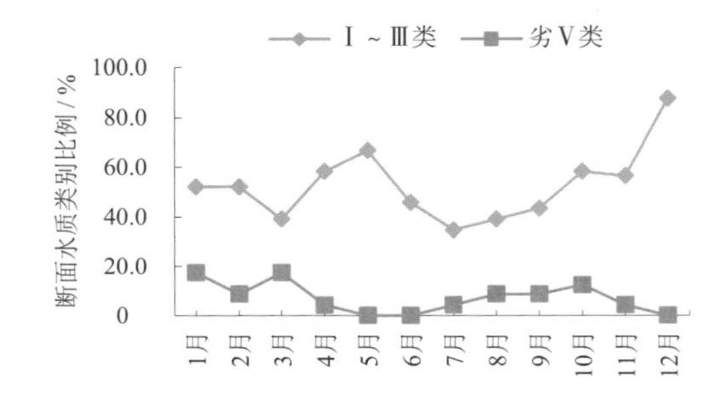

图2-76 2021年省辖海河流域河流水质变化

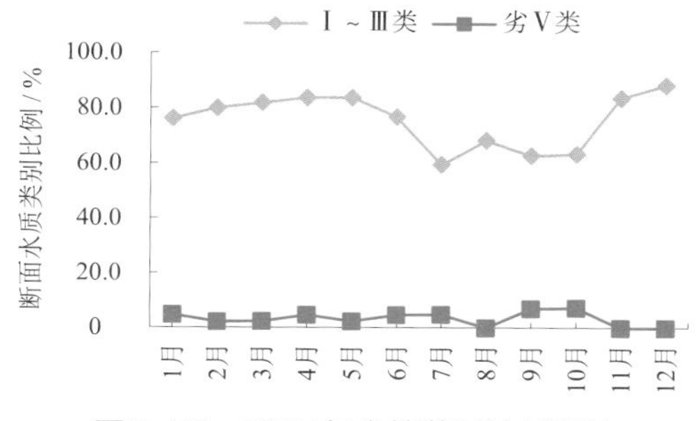

图2-77　2021年省辖黄河流域河流水质变化

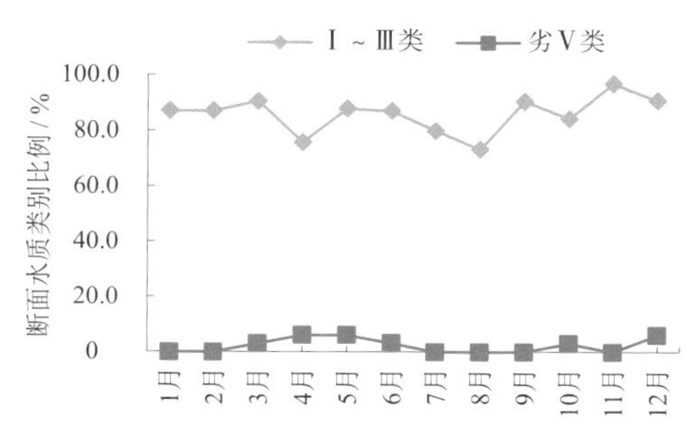

图2-78　2021年省辖长江流域河流水质变化

2. 浓度变化

1）化学需氧量

全省浓度值为15.5～19.1 mg/L，各月浓度值均为Ⅲ类。海河流域浓度值较高，为13.9～24.3 mg/L，除1月、3月为Ⅳ类外，其余各月浓度值均在Ⅲ类以内；淮河流域浓度值为16.6～20.0 mg/L，各月浓度值均为Ⅲ类；长江流域浓度值为11.8～18.1 mg/L，各月浓度值均在Ⅲ类以内，半数月份为Ⅰ类；黄河流域浓度值为13.7～17.5 mg/L，各月浓度值均在Ⅲ类以内，半数月份为Ⅰ类，见图2-79。

2）高锰酸盐指数

全省浓度值为3.5～4.8 mg/L，各月浓度值均在Ⅲ类以内，半数月份为Ⅲ类，半数月份为Ⅱ类。淮河流域浓度值较高，为4.0～5.3 mg/L，除12月浓度值为Ⅱ类外，其余各月浓度值均为Ⅲ类；长江流域浓度值较低，为2.6～4.0 mg/L，除8月浓度值为Ⅲ类外，其余各月浓度值均为Ⅱ类；海河流域浓度值为2.8～5.3 mg/L，除11月、12月浓度值为Ⅱ类外，其余各月浓度值均为Ⅲ类；黄河流域浓度值为3.0～4.6 mg/L，除9月、10月浓度值为Ⅲ类外，其余各月浓度值均为Ⅱ类，见图2-80。

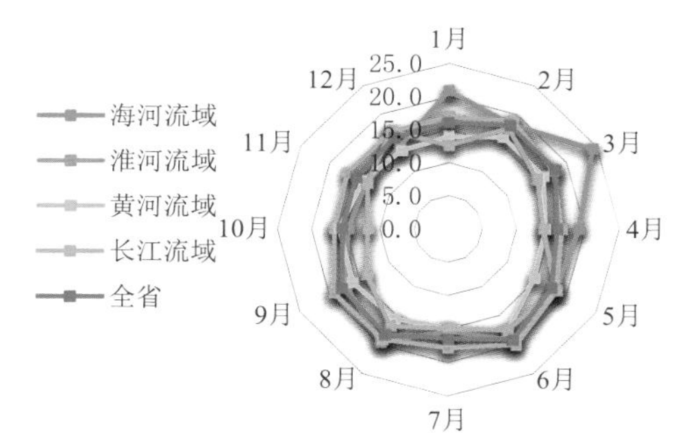

图2-79　2021年河流化学需氧量浓度变化趋势　（单位：mg/L）

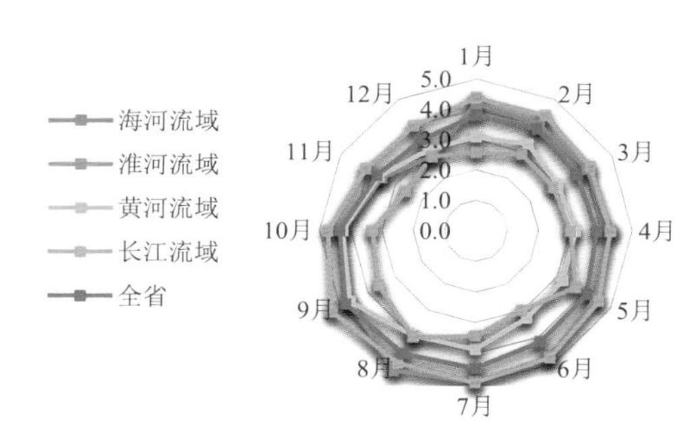

图2-80　2021年河流高锰酸盐指数浓度变化趋势　（单位：mg/L）

3）五日生化需氧量

全省浓度值为2.1～3.3 mg/L，除6月、8月、9月浓度值为Ⅲ类外，其余各月均为Ⅰ类。淮河流域浓度值较高，为2.4～3.6 mg/L，各月浓度值均为Ⅲ类以内，半数以上月份为Ⅲ类；黄河流域浓度值较低，为1.6～2.6 mg/L，各月浓度值均为Ⅰ类；海河流域浓度值为2.1～3.4 mg/L，各月浓度值均在Ⅲ类以内，半数月份为Ⅰ类；长江流域浓度值为1.9～3.9 mg/L，除5月、8月、12月浓度值均在Ⅲ类以内，其余各月浓度值均为Ⅰ类，见图2–81。

4）氟化物

全省浓度值为0.510～0.775 mg/L，各月浓度值均为Ⅰ类。淮河流域浓度值较高，为0.547～0.872 mg/L，各月浓度值均为Ⅰ类；海河流域浓度值为0.522～0.756 mg/L，各月浓度值均为Ⅰ类；长江流域浓度值较低，为0.210～0.393 mg/L，各月浓度值均为Ⅰ类；黄河流域浓度值为0.489～0.878 mg/L，各月浓度值均为Ⅰ类，见图2–82。

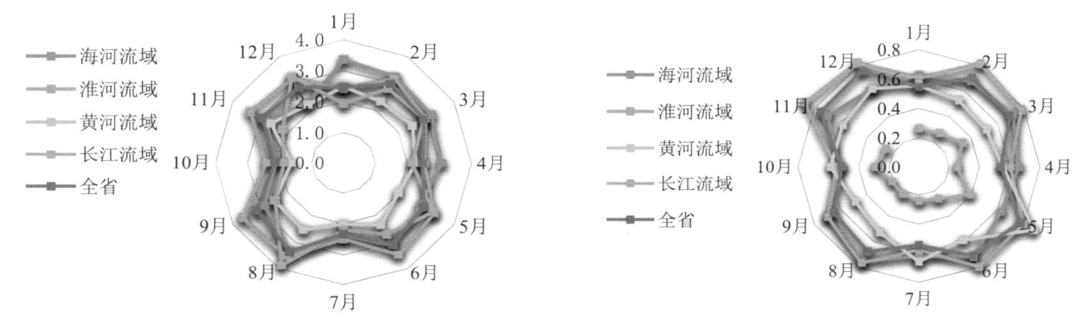

图2–81　2021年河流五日生化需氧量浓度变化趋势　（单位：mg/L）

图2–82　2021年河流氟化物浓度变化趋势　（单位：mg/L）

5）总磷

全省浓度值为0.080～0.166 mg/L，各月浓度值均在Ⅲ类以内，7—11月为Ⅲ类，其余各月浓度值均为Ⅱ类。海河流域浓度值较高，为0.088～0.207 mg/L，5月、12月浓度值为Ⅱ类，10月浓度值为Ⅳ类，其余各月浓度值均为Ⅲ类；淮河流域浓度值为0.077～0.197 mg/L，各月浓度值均在Ⅲ类以内，半数月份浓度值为Ⅱ类；黄河流域浓度值较低，为0.064～0.146 mg/L，各月浓度值均在Ⅲ类以内，半数以上月份浓度值为Ⅱ类；长江流域浓度值为0.065～0.122 mg/L，各月浓度值均在Ⅲ类以内，半数以上月份浓度值为Ⅱ类，见图2–83。

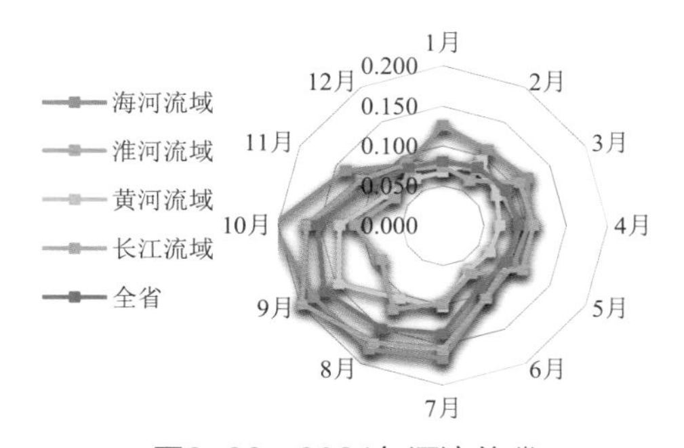

图2–83　2021年河流总磷浓度变化趋势　（单位：mg/L）

6）氨氮

全省浓度值为0.25～0.49 mg/L，各月浓度值均为Ⅱ类。海河流域浓度值较高，为0.23～0.88 mg/L，3—6月、12月浓度值为Ⅱ类，其余各月浓度值均为Ⅲ类；长江流域浓度值较低，为0.19～0.70 mg/L，除4月为Ⅲ类外，其余各月浓度值均为Ⅱ类；淮河流域浓度值为0.24～0.46 mg/L，各月浓度值均为Ⅱ类；黄河流域浓度值为0.14～0.72 mg/L，各月浓度值均在Ⅲ类以内，5月浓度值为Ⅰ类，1月、10月浓度值为Ⅲ类，其余各月浓度值均为Ⅱ类，见图2-84。

7）石油类

全省浓度值为0.008 4～0.020 4 mg/L，各月浓度值均为Ⅰ类。长江流域浓度值为0.005 8～0.220 0 mg/L，11月、12月浓度值为Ⅳ类，其余各月均为Ⅰ类；黄河流域浓度值为0.008 1～0.020 7 mg/L，各月浓度值均为Ⅰ类；海河流域浓度值为0.008 3～0.017 9 mg/L，各月浓度值均为Ⅰ类；淮河流域浓度值为0.005 0～0.011 1 mg/L，各月浓度值均为Ⅰ类。见图2-85。

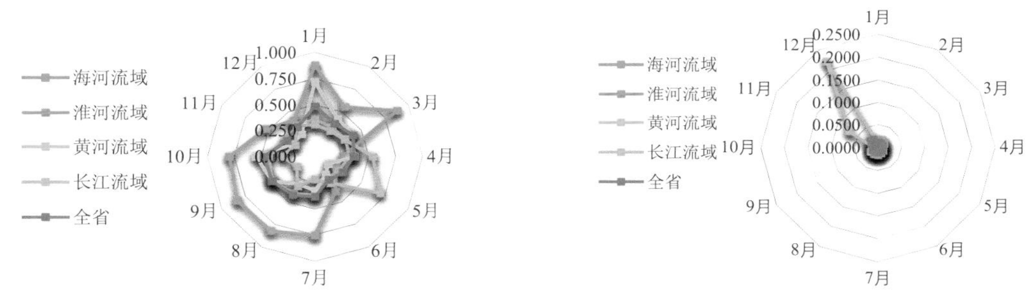

图2-84　2021年河流氨氮浓度变化趋势　（单位：mg/L）

图2-85　2021年河流石油类浓度变化趋势　（单位：mg/L）

2.3.2　年度对比

与2020年相比，全省地表水水质级别仍为轻度污染，综合污染指数下降2.0%。Ⅰ～Ⅲ类水质断面上升2.5个百分点；劣Ⅴ类水质断面下降3.9个百分点。主要超标因子仍为化学需氧量、总磷和高锰酸盐指数，其浓度无明显变化。

2.3.2.1　河流

与2020年相比，2021年全省地表水水质级别仍为轻度污染，但污染程度有所下降。淮河流域、海河流域水质级别仍为轻度污染，但污染程度有所下降；黄河流域水质仍为良好；长江流域水质由良好变为优，见表2-14。

表2-14　2021年与2020年全省及省辖流域水质级别变化

年度	淮河流域	海河流域	黄河流域	长江流域	全省
2021	轻度污染	轻度污染	良好	优	轻度污染
2020	轻度污染	轻度污染	良好	良好	轻度污染
$\vert \Delta G-\Delta D \vert$	9.8	4.2	2.2	9.1	6.4

与2020年相比，Ⅰ～Ⅲ类水质断面比例上升2.5个百分点，Ⅳ类水质断面比例下降1.5个百分点，Ⅴ类水质断面比例上升2.9个百分点，劣Ⅴ类水质断面比例下降3.9个百分点，见表2-15和图2-86。

表2-15　2021年与2020年全省及省辖流域所属断面水质类别比例变化

水质类别	年度	淮河流域	海河流域	黄河流域	长江流域	全省
Ⅰ～Ⅲ类	2021/%	66.7	54.2	80.0	90.9	72.1
	2020/%	61.8	54.2	82.2	87.9	69.6
	与2020年比较（百分点）	4.9	0	–2.2	3.0	2.5
Ⅳ类	2021年/%	31.4	37.5	15.6	3.0	24.0
	2020年/%	33.3	41.7	13.3	6.1	25.5
	与2020年比较（百分点）	–1.9	–4.2	2.3	–3.1	–1.5
Ⅴ类	2021年/%	2	8.3	2.2	6.1	3.4
	2020年/%	0	0	2.2	0	0.5
	与2020年比较（百分点）	2	8.3	0	6.1	2.9
劣Ⅴ类	2021年/%	0	0	2.2	0	0.5
	2020年/%	4.9	4.2	2.2	6.1	4.4
	与2020年比较（百分点）	–4.9	–4.2	0	–6.1	–3.9

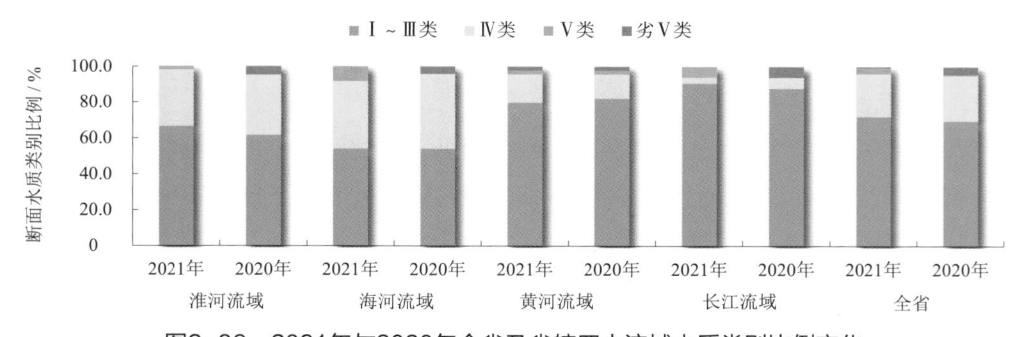

图2-86　2021年与2020年全省及省辖四大流域水质类别比例变化

与2020年相比，全省河流主要超标因子仍为化学需氧量、总磷和高锰酸盐指数，其浓度无明显变化，见表2-16。

表2-16　2021年与2020年全省河流主要超标因子浓度年均值变化

年度	化学需氧量		总磷		高锰酸盐指数	
	年均值/（mg/L）	类别	年均值/（mg/L）	类别	年均值/（mg/L）	类别
2021	15.7	Ⅲ	0.109	Ⅲ	4.1	Ⅲ
2020	16.5	Ⅲ	0.101	Ⅲ	4.0	Ⅱ
与2020年比较/%	−4.8	—	7.9	—	2.5	—

1. 淮河流域

1）水质类别

与2020年相比，102个监测断面中，Ⅰ～Ⅲ类水质断面比例上升4.9个百分点，Ⅳ类水质断面比例下降2.0个百分点，Ⅴ类水质断面比例上升2.0个百分点，劣Ⅴ类水质断面比例下降4.9个百分点。

2）主要超标因子

与2020年相比，主要超标因子化学需氧量、总磷和高锰酸盐指数，浓度无明显变化，见表2-17。

表2-17　2021年与2020年省辖淮河流域主要超标因子浓度年均值变化

年度	化学需氧量		总磷		高锰酸盐指数	
	年均值/（mg/L）	类别	年均值/（mg/L）	类别	年均值/（mg/L）	类别
2021	16.9	Ⅲ	0.118	Ⅲ	4.6	Ⅲ
2020	17.8	Ⅲ	0.110	Ⅲ	4.6	Ⅲ
与2020年比较/%	−5.1	—	7.3	—	0.0	—

3）污染程度

与2020年相比，淮河流域水质级别仍为轻度污染。

30条河流水质无明显变化：臻头河、灌河、北汝河、白露河、澧河、史灌河水质级别保持优，潢河、竹竿河、黄河故道、汝河、梅河、吴公渠、双洎河、颍河、泥河（黑河）、浉河、洪河、黑河、贾鲁河、清漠河、泉河水质级别保持良好，清水河（油河）、八里河、黑茨河、包河、大沙河、小蒋河、永安沟、沱河、杨大河（武家河）、洺河水质级别仍为轻度污染。

11条河流水质好转：淮河干流、闾河、清水河水质级别由良好变为优，赵王河由轻度污染变为优，清流河、黑河、王引河、杜庄河、惠济河由轻度污染变为良好，浍河由中度污染变为轻度污染，洋湖渠由重度污染变为轻度污染。

8条河流水质变差：滚河、沙河、汾河由优变为良好，唐江河、三里河、涡河、丈八沟由良好变为轻度污染，灰河由轻度污染变为中度污染，见表2-18。部分河流污染程度变化见图2-87。

表2-18　2021年与2020年省辖淮河流域水质变化

河流名称	河流水质级别		河流名称	河流水质级别	
	2021年	2020年		2021年	2020年
臻头河	优	优	洪河	良好	良好
灌河	优	优	黑河	良好	良好
滚河	良好	优	三里河	轻度污染	良好
北汝河	优	优	贾鲁河	良好	良好
潢河	良好	良好	清潩河	良好	良好
白露河	优	优	泉河	良好	良好
澧河	优	优	清流河	良好	轻度污染
淮河干流	优	良好	涡河	轻度污染	良好
竹竿河	良好	良好	丈八沟	轻度污染	良好
史灌河	优	优	八里河	轻度污染	轻度污染
沙河	良好	优	王引河	良好	轻度污染
清水河（油河）	轻度污染	轻度污染	杜庄河	良好	轻度污染
闾河	优	良好	浍河	轻度污染	中度污染
汾河	良好	优	黑茨河	轻度污染	轻度污染
黄河故道	良好	良好	包河	轻度污染	轻度污染
汝河	良好	良好	大沙河	轻度污染	轻度污染
清水河	优	良好	惠济河	良好	轻度污染
梅河	良好	良好	小蒋河	轻度污染	轻度污染
赵王河	优	轻度污染	灰河	中度污染	轻度污染
唐江河	轻度污染	良好	永安沟	轻度污染	轻度污染
吴公渠	良好	良好	沱河	轻度污染	轻度污染
双洎河	良好	良好	杨大河（武家河）	轻度污染	轻度污染
颍河	良好	良好	洋湖渠	轻度污染	重度污染
泥河（黑河）	良好	良好	洺河	轻度污染	轻度污染
浉河	良好	良好			

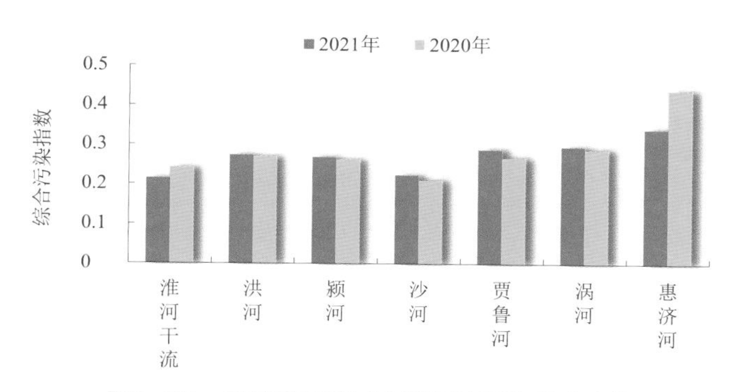

图2-87 省辖淮河流域主要河流污染程度变化

2. 海河流域

1）水质类别

与2020年相比，24个监测断面中，Ⅰ～Ⅲ类水质断面比例持平，Ⅳ类水质断面比例下降4.2个百分点，Ⅴ类水质断面比例上升8.3个百分点，劣Ⅴ类水质断面比例下降4.2个百分点。

2）主要超标因子

与2020年相比，主要超标因子化学需氧量浓度无明显变化，总磷和氨氮浓度有所上升，见表2-19。

表2-19 2021年与2020年省辖海河流域主要超标因子浓度年均值变化

年度	化学需氧量		总磷		氨氮	
	年均值/（mg/L）	类别	年均值/（mg/L）	类别	年均值/（mg/L）	类别
2021	17.0	Ⅲ	0.135	Ⅲ	0.60	Ⅲ
2020	17.3	Ⅲ	0.116	Ⅲ	0.54	Ⅲ
与2020年比较/%	-1.7	—	16.4	—	11.1	—

3）污染程度

与2020年相比，海河流域水质级别仍为轻度污染。

9条河流水质无明显变化：淇河、安阳河、露水河水质级别保持优，共产主义渠、马颊河水质级别保持良好，卫河、大沙河、汤河、徒骇河水质级别仍为轻度污染。

1条河流水质好转：淅河由良好变为优。1条河流水质变差：人民胜利渠由优变为轻度污染，见表2-20。部分河流污染程度变化见图2-88。

表2-20 2021年与2020年省辖海河流域水质变化

河流名称	河流水质级别		河流名称	河流水质级别	
	2021年	2020年		2021年	2020年
卫河	轻度污染	轻度污染	汤河	轻度污染	轻度污染
大沙河	轻度污染	轻度污染	安阳河	优	优
共产主义渠	良好	良好	露水河	优	优
人民胜利渠	轻度污染	优	马颊河	良好	良好
淇河	优	优	徒骇河	轻度污染	轻度污染
淅河	优	良好	—	—	—

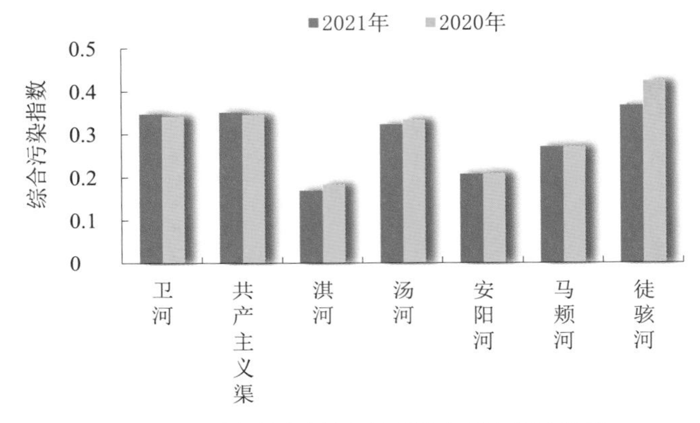

图2-88 省辖海河流域主要河流污染程度比较

3. 黄河流域

1）水质类别

与2020年相比，46个监测断面中，Ⅰ～Ⅲ类水质断面比例下降2.2个百分点，Ⅳ类水质断面比例上升2.2个百分点，Ⅴ类、劣Ⅴ类水质断面比例持平。

2）主要超标因子

与2020年相比，主要超标因子仍为化学需氧量、总磷、高锰酸盐指数，其浓度无明显变化，见表2-21。

表2-21 2021年与2020年省辖黄河流域主要超标因子浓度年均值变化

年度	化学需氧量		总磷		高锰酸盐指数	
	年均值/（mg/L）	类别	年均值/（mg/L）	类别	年均值/（mg/L）	类别
2021	14.2	Ⅰ	0.087	Ⅱ	3.5	Ⅱ
2020	15.0	Ⅰ	0.081	Ⅱ	3.3	Ⅱ
与2020年比较/%	-5.3	—	7.4	—	6.1	—

3）污染程度

与2020年相比，黄河流域水质级别仍为良好。

15条河流水质无明显变化：黄河干流、文峪河、枣香河、好阳河、洛河（伊洛河）、伊河、大峪河、沁河、丹河水质级别保持优，涧河、汜水河水质级别保持良好，滩区涝河、漭河、金堤河仍为轻度污染，二道河仍为重度污染。

5条河流水质好转：西柳青河水质级别由轻度污染变为良好，新漭河水质级别由中度污染变为轻度污染，双桥河、阳平河、宏农涧河由良好变为优。

5条河流水质变差：天然文岩渠、文岩渠、天然渠水质级别由优变为良好，济河、黄庄河由良好变为轻度污染，见表2-22。部分河流污染程度比较见图2-89。

表2-22　2021年与2020年省辖黄河流域水质变化

河流名称	河流水质级别		河流名称	河流水质级别	
	2021年	2020年		2021年	2020年
黄河干流	优	优	大峪河	优	优
双桥河	优	良好	漭河	轻度污染	轻度污染
文峪河	优	优	新漭河	轻度污染	中度污染
枣香河	优	优	沁河	优	优
阳平河	优	良好	丹河	优	优
宏农涧河	优	良好	济河	轻度污染	良好
好阳河	优	优	天然文岩渠	良好	优
洛河（伊洛河）	优	优	文岩渠	良好	优
涧河	良好	良好	天然渠	良好	优
伊河	优	优	金堤河	轻度污染	轻度污染
二道河	重度污染	重度污染	黄庄河	轻度污染	良好
滩区涝河	轻度污染	轻度污染	西柳青河	良好	轻度污染
汜水河	良好	良好	—	—	—

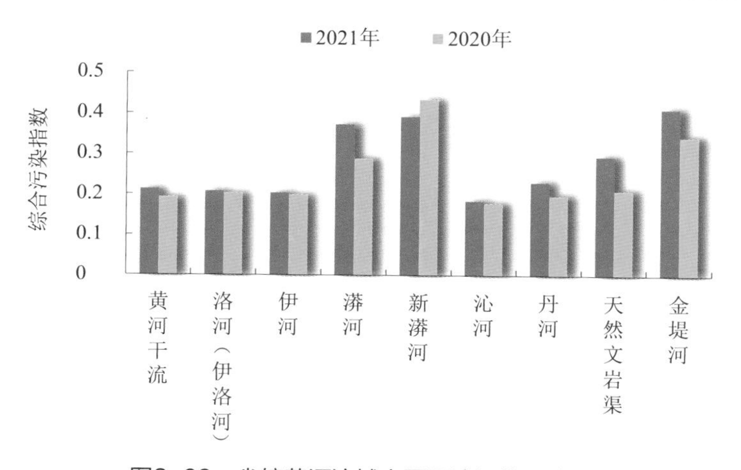

图2-89　省辖黄河流域主要河流污染程度比较

4. 长江流域

1）水质类别

与2020年相比，33个监测断面中，Ⅰ～Ⅲ类水质断面比例上升3.0个百分点，Ⅳ类水质断面比例下降3.0个百分点，Ⅴ类水质断面比例上升6.1个百分点，劣Ⅴ类水质断面比例下降6.1个百分点。

2）主要超标因子

与2020年相比，主要超标因子浓度氨氮浓度明显下降，总磷、五日生化需氧量浓度无明显变化，见表2-23。

表2-23 2021年与2020年省辖长江流域主要超标因子浓度年均值变化

年度	氨氮		总磷		五日生化需氧量	
	年均值/（mg/L）	类别	年均值/（mg/L）	类别	年均值/（mg/L）	类别
2021	0.33	Ⅱ	0.091	Ⅱ	2.1	Ⅰ
2020	0.51	Ⅲ	0.089	Ⅱ	2.0	Ⅰ
与2020年比较/%	-35.3	—	2.2	—	5.0	—

3）污染程度

与2020年相比，长江流域水质级别由良好变为优。

12条河流水质无明显变化：倒水、丹江、淇河、老灌河、蛇尾河、丁河、湍河、唐河水质级别保持优，白河、刁河、溧河水质级别保持良好，毗河水质级别仍为轻度污染。

1条河流水质好转：泌阳河由重度污染变为良好。

1条河流水质变差：排子河由轻度污染变为中度污染。部分河流污染程度比较见表2-24、图2-90。

表2-24 2021年与2020年省辖长江流域水质变化

河流名称	河流水质级别		河流名称	河流水质级别	
	2021年	2020年		2021年	2020年
倒水	优	优	唐河	优	优
排子河	中度污染	轻度污染	毗河	轻度污染	轻度污染
丹江	优	优	泌阳河	良好	重度污染
淇河	优	优	白河	良好	良好
老灌河	优	优	湍河	优	优
蛇尾河	优	优	刁河	良好	良好
丁河	优	优	溧河	良好	良好

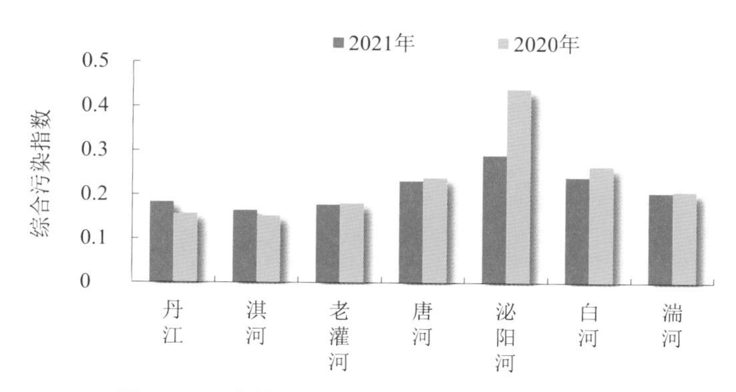

图2-90　省辖长江流域主要河流污染程度比较

2.3.2.2　水库

与2020年相比，水库水质级别仍为优。

同比，Ⅰ～Ⅲ类水质断面比例上升4.0个百分点，Ⅳ类水质断面比例下降4.0个百分点，Ⅴ类水质断面比例上升4.0个百分点，劣Ⅴ类水质断面比例下降4.0个百分点。

3个水库水质好转：三门峡水库水质由Ⅲ类变为Ⅱ类，白沙水库水质由Ⅳ类变为Ⅲ类，宿鸭湖水库水质由劣Ⅴ类变为Ⅴ类；5个水库水质变差：盘石头水库、丹江口水库水质由Ⅰ类变为Ⅱ类，陆浑水库、宋家场水库、板桥水库水质由Ⅱ类变为Ⅲ类；其他17个水库水质无明显变化，见表2-25。

表2-25　2021年与2020年水库水质及营养状况变化

水库名称	类别		总氮		营养状态	
	2021年	2020年	2021年	2020年	2021年	2020年
尖岗水库	Ⅱ	Ⅱ	Ⅳ	Ⅲ	中营养	中营养
白沙水库	Ⅲ	Ⅳ	Ⅴ	Ⅴ	轻度富营养	轻度富营养
故县水库	Ⅱ	Ⅱ	劣Ⅴ	劣Ⅴ	中营养	中营养
陆浑水库	Ⅲ	Ⅱ	劣Ⅴ	劣Ⅴ	中营养	中营养
石漫滩水库	Ⅲ	Ⅲ	劣Ⅴ	Ⅳ	中营养	中营养
孤石滩水库	Ⅲ	Ⅲ	Ⅳ	Ⅲ	中营养	中营养
白龟山水库	Ⅱ	Ⅱ	Ⅳ	Ⅱ	中营养	中营养
昭平台水库	Ⅱ	Ⅱ	Ⅳ	Ⅲ	中营养	中营养
燕山水库	Ⅲ	Ⅲ	Ⅴ	Ⅳ	中营养	中营养
彰武水库	Ⅱ	Ⅱ	劣Ⅴ	劣Ⅴ	中营养	中营养
盘石头水库	Ⅱ	Ⅰ	劣Ⅴ	劣Ⅴ	中营养	中营养
窄口水库	Ⅱ	Ⅱ	Ⅴ	Ⅴ	中营养	中营养
三门峡水库	Ⅱ	Ⅲ	劣Ⅴ	劣Ⅴ	中营养	中营养
鸭河口水库	Ⅱ	Ⅱ	Ⅴ	Ⅴ	中营养	中营养

续表2-25

水库名称	类别		总氮		营养状态	
	2021年	2020年	2021年	2020年	2021年	2020年
丹江口水库	Ⅱ	Ⅰ	Ⅳ	Ⅳ	贫营养	中营养
鲇鱼山水库	Ⅱ	Ⅱ	Ⅲ	Ⅲ	贫营养	中营养
泼河水库	Ⅱ	Ⅱ	Ⅲ	Ⅲ	中营养	中营养
南湾水库	Ⅱ	Ⅱ	Ⅲ	Ⅲ	中营养	中营养
石山口水库	Ⅲ	Ⅲ	Ⅲ	Ⅱ	中营养	中营养
五岳水库	Ⅲ	Ⅲ	Ⅲ	Ⅲ	中营养	中营养
宋家场水库	Ⅲ	Ⅱ	Ⅲ	Ⅱ	中营养	中营养
板桥水库	Ⅲ	Ⅱ	Ⅲ	Ⅲ	中营养	中营养
宿鸭湖水库	Ⅴ	劣Ⅴ	Ⅴ	Ⅴ	轻度富营养	中度富营养
薄山水库	Ⅱ	Ⅱ	Ⅱ	Ⅱ	中营养	中营养
小浪底水库	Ⅲ	Ⅲ	劣Ⅴ	劣Ⅴ	中营养	中营养
全省	Ⅱ	Ⅱ	Ⅳ	Ⅲ	中营养	中营养

南水北调中线工程水源地丹江口水库陶岔水质符合Ⅱ类标准，总氮由Ⅲ类变为Ⅳ类。

全省水库营养化水平仍为中营养。其中，丹江口水库、鲇鱼山水库由中营养变为贫营养，宿鸭湖水库由中度富营养变为轻度富营养，白沙水库仍为轻度富营养，其他21个水库仍为中营养，见表2-25。

2.3.3 小结与原因分析

2.3.3.1 小结

全省地表水环境质量持续好转，Ⅰ~Ⅲ类水质断面比例持续上升，劣Ⅴ类水质断面比例持续下降。

1. 全省河流水质持续好转

2021年，全省河流水质级别为轻度污染。长江流域为优，黄河流域为良好，海河流域、淮河流域为轻度污染。

205个省控断面（其中204个省控断面，1个省控断面断流）中，Ⅰ~Ⅲ类水质断面占比72.1%，Ⅳ类水质断面占比24.0%，Ⅴ类水质断面占比3.4%，劣Ⅴ类水质断面占比0.5%。

全省河流断面21项评价因子中有7项因子出现超标情况。主要污染因子为化学需氧量、总磷和高锰酸盐指数，超标率分别为14.7%、13.7%和10.3%。

与2020年相比，2021年全省河流水质级别仍为轻度污染，但污染程度有所下降。淮河流域、海河流域水质级别仍为轻度污染，但污染程度有所下降；黄河流域水质仍为良好；长江流域水质由良好变为优。全省Ⅰ～Ⅲ类水质断面比例上升2.5个百分点，Ⅳ类水质断面比例下降1.5个百分点，Ⅴ类水质断面比例上升2.9个百分点，劣Ⅴ类水质断面比例下降3.9个百分点。

2. 全省水库水质持续改善

2021年，全省水库水质级别为优，水库营养状态为中营养。25个省控水库中，Ⅱ类水质水库占56.0%；Ⅲ类水质水库占40.0%；Ⅴ类水质水库占4.0%。总氮为Ⅱ类的水库占4.0%，Ⅲ类水质水库占28.0%，Ⅳ类水质水库占20.0%，Ⅴ类水质水库占20.0%，劣Ⅴ类水质水库占28.0%。

与2020年相比，2021年全省水库Ⅰ～Ⅲ类水质断面比例上升4.0个百分点，Ⅳ类水质断面比例下降4.0个百分点，Ⅴ类水质断面比例上升4.0个百分点，劣Ⅴ类水质断面比例下降4.0个百分点。

3. 南水北调中线工程水源地水质保持稳定

2021年，南水北调中线工程水源地丹江口水库陶岔水质符合Ⅱ类标准，总氮单独评价符合Ⅳ类标准。

2.3.3.2　原因分析

全省初步形成了精准有效、风险化解的水污染防治水平，不断把水污染防治攻坚工作同城市黑臭水体治理、河湖水生态环境治理与修复、农村人居环境整治等有机结合起来，充分发挥各级、各部门作用，多角度、多方位助推水环境质量持续改善。但仍值得关注的是：河南省水资源禀赋条件差，河流生态流量严重不足，部分河流污染依然较为突出，水生态系统较为脆弱，涉水产业结构偏重、涉水工业企业排放量大，化工、有色等重工业企业和尾矿库沿河分布，水环境风险较为突出，水生态环境保护形势依然十分严峻。主要原因分析如下。

1. 多措并举全面提升地表水环境质量

每月召开水环境质量形势分析研判会，加强对超标断面的分析研判、致函督办和现场督办，持续改善断面水质。印发《关于做好2021年汛期水生态环境保护工作的函》和《关于做好2021年枯水期水生态环境保护工作的通知》，加强汛期和枯水期水生态环境保护工作，确保了水环境安全。

实行水质排名制度。每月对全省地表水环境质量进行排名通报，对水环境质量排名落后的市、县政府进行警示、约谈，层层传导压力，接受社会监督，督促各级党委、政府及有关部门采取切实有效的措施持续改善河流水质，确保水环境质量目标的完成。

实施水环境质量月生态补偿制度。按照省政府印发的《河南省水环境质量生态补偿办法》，对全省地表水考核断面、饮用水水源地、南水北调中线工程河南段和水环境风险防范情况，按月进行阶梯生态补偿，倒逼地方政府落实环境保护主体责任，从源头上管控和改善水环境状况。

2. 不断加大黄河水生态环境保护力度

颁布《河南省黄河流域水污染物排放标准》，公开发布了《致河南省辖黄河流域排污单位的一封公开信》，督促排污单位提前谋划、改造升级水污染防治设施，确保按时达到新标准要求。举办《河南省黄河流域水污染物排放标准》宣传贯彻培训，邀请编制单位专家对《河南省黄河流域水污染物排放标准》进行解读。开展“河南省黄河流域2020年水环境承载力和水环境容量”“黄河流域涉水企业分类管理”研究，为进一步做好黄河流域水生态保护工作提供技术支撑。

3. 持续推动城市黑臭水体治理

联合省住房和城乡建设厅印发《关于开展2021年县（市）城市黑臭水体专项排查的通知》，深入排查县级城市黑臭水体，建立新排查清单并制订整治方案、推动整改。对存在黑臭水体反弹问题的平顶山、周口两市，下督办通知并予以全省通报批评。

4. 扎实开展涉疫污水管控

第一时间督促中高风险地区，强化涉疫污水监督管理，并建立日调度机制。组织定点医院污水处理技术指导视频连线，由生态环境部有关专家对定点医院污水处理工艺、消毒药物投加标准和出水指标、检测频率等进行指导帮扶。编制涉疫污水处理资料汇编，下发各级生态环境部门，并要求转发相关单位，用于指导涉疫污水处理和日常监督管理。

5. 水环境治理压力仍在高位

针对部分河流水质污染较重，城镇生活污水处理仍存在短板，特别是老城区、城郊接合部等区域，仍存在污水收集处理能力不足，污水管网未全覆盖、雨污不分等问题，一些城市污水处理厂进水情况明显异常，污水处理厂不能持续稳定达标，城区黑臭水体治理成效需持续巩固提升；工业污染治理水平仍需提升，绿色发展水平不高，资源能源及原材料产业比重高，结构性污染问题突出；农业和农村水污染防治瓶颈有待突破，部分农村生活污水处理设施不能正常稳定运行，农村黑臭水体有待进一步治理，畜禽养殖场粪污处理和利用方式不够规范，化肥农药平均施用强度超过全国平均水平；南水北调中线工程和饮用水水源地仍需进一步排查环境风险隐患。

2.4 城市地下水质量

2.4.1 现状评价

2.4.1.1 单因子评价

2021年，全省各监测井位各因子评价结果统计见表2-26。

表2-26 2021年城市地下水监测井位各因子评价结果

项目		总硬度/(mg/L)	硫酸盐/(mg/L)	氯化物/(mg/L)	耗氧量/(mg/L)	氨氮/(mg/L)	氟化物/(mg/L)	总大肠菌群数/(CFU/100mL)	亚硝酸盐/(mg/L)	硝酸盐/(mg/L)	挥发酚/(mg/L)
最小值		62.4	20.1	9.3	0.2	0.01	0.1	0.2	0.0015	0.04	0.00015
最大值		829.0	301.0	247.0	6.45	1.94	2.34	119.4	0.3550	17.9	0.001
各类别井数所占比例/%	Ⅰ类	16.7	20.6	49.0	75.5	52.0	89.2	83.3	94.1	37.3	100
	Ⅱ类	26.5	68.6	43.1	22.5	37.3	0	0	1.0	27.5	0
	Ⅲ类	49.0	8.8	7.8	1.0	9.8	0	0	4.9	35.3	0
	Ⅳ类	6.9	2.0	0	1.0	0	7.8	15.7	0	0	0
	Ⅴ类	1.0	0	0	0	1.0	2.9	1.0	0	0	0

项目		氰化物/(mg/L)	砷/(mg/L)	汞/(mg/L)	铬（六价）/(mg/L)	铅/(mg/L)	镉/(mg/L)	铁/(mg/L)	锰/(mg/L)	溶解氧总固体/(mg/L)
最小值		0.001	0.00015	0.000012	0.002	0.00005	0	0.0004	0.0001	156
最大值		0.002	0.00585	0.000093	0.008	0.005	0.00077	0.465	1.82	1073
各类别井数所占比例/%	Ⅰ类	35.3	80.4	100	98.0	100	59.8	93.1	85.3	11.8
	Ⅱ类	64.7	0	0	2.0	0	40.2	3.9	0	35.3
	Ⅲ类	0	19.6	0	0	0	0	1.0	4.9	52
	Ⅳ类	0	0	0	0	0	0	2.0	8.8	1.0
	Ⅴ类	0	0	0	0	0	0	0	1.0	0

1. 有机类

耗氧量浓度年均值范围为0.20～6.45 mg/L，75.5%的井位年均值达到Ⅰ类标准，22.5%的井位年均值达到Ⅱ类标准，1.0%的井位年均值达到Ⅲ类标准，1.0%的井位年均值达到Ⅳ类标准（信阳）。

挥发酚浓度年均值范围为0.000 15～0.001 mg/L，各井位年均值均达到Ⅰ类标准。

2. 非金属无机类

氯化物浓度年均值范围为9.3～247.0 mg/L，49.0%的井位年均值达到Ⅰ类标准，43.1%的井位年均值达到Ⅱ类标准，7.8%的井位年均值达到Ⅲ类标准。

硫酸盐浓度年均值范围为20.1～301.0 mg/L，20.6%的井位年均值达到Ⅰ类标准，68.6%的井位年均值达到Ⅱ类标准，8.8%的井位年均值达到Ⅲ类标准，2.0%的井位年均值达到Ⅳ类标准（新乡）。

氨氮浓度年均值范围为0.01～1.94 mg/L，52.0%的井位年均值达到Ⅰ类标准，37.3%的井位年均值达到Ⅱ类标准，9.8%的井位年均值达到Ⅲ类标准，1.0%的井位年均值为Ⅴ类标准（信阳）。

硝酸盐浓度年均值范围为0.04～17.9 mg/L，37.3%的井位年均值达到Ⅰ类标准，27.5%的井位年均值达到Ⅱ类标准，35.3%的井位年均值达到Ⅲ类标准。

亚硝酸盐浓度年均值范围为0.001 5～0.355 0 mg/L，94.1%的井位年均值达到Ⅰ类标准，1.0%的井位年均值达到Ⅱ类标准，4.9%的井位年均值达到Ⅲ类标准。

氰化物浓度年均值范围为0.001～0.002 mg/L，35.3%的井位年均值达到Ⅰ类标准，64.7%的井位年均值达到Ⅱ类标准。

氟化物浓度年均值范围为0.1～2.34 mg/L，89.2%的井位年均值达到Ⅰ类标准，7.8%的井位年均值达到Ⅳ类标准（开封、濮阳、商丘），2.9%的井位年均值为Ⅴ类标准（开封）。

砷浓度年均值范围为0.000 15～0.005 85 mg/L，80.4%的井位年均值达到Ⅰ类标准，19.6%的井位年均值达到Ⅲ类标准。

3. 金属类

总硬度浓度年均值范围为62.4～829.0 mg/L，16.7%的井位年均值达到Ⅰ类标准，26.5%的井位年均值达到Ⅱ类标准，49.0%的井位年均值达到Ⅲ类标准，6.9%的井位年均值达到Ⅳ类标准（安阳、焦作、濮阳、信阳、济源），1.0%的井位年均值为Ⅴ类标准（濮阳）。

锰浓度年均值范围为0.000 1～1.82 mg/L，85.3%的井位年均值达到Ⅰ类标准，4.9%的井位年均值达到Ⅲ类标准，8.8%的井位年均值达到Ⅳ类标准（濮阳、信阳、周口），1.0%的井位年均值为Ⅴ类标准（信阳）。

铁浓度年均值范围为0.000 4～0.465 mg/L，93.1%的井位年均值达到Ⅰ类标准，3.9%的井位年均值达到Ⅱ类标准，1.0%的井位年均值达到Ⅲ类标准，2.0%的井位年均值达到Ⅳ类标准（信阳）。

铅浓度年均值范围为0.000 05～0.005 mg/L，各井位年均值均达到Ⅰ类标准。

镉浓度年均值范围为0～0.000 77 mg/L，59.8%的井位年均值达到Ⅰ类标准，40.2%的井位年均值达到Ⅱ类标准。

汞浓度年均值范围为0.000 012～0.000 093 mg/L，各井位年均值均达到Ⅰ类标准。

铬（六价）浓度年均值范围为0.002～0.008 mg/L，98.0%的井位年均值达到Ⅰ类标准，2.0%的井位年均值达到Ⅱ类标准。

4. 其他

感官性较好，pH值范围为6.53～8.16。

溶解性总固体浓度年均值范围为156～1 073 mg/L，11.8%的井位年均值达到Ⅰ类标准，35.3%的井位年均值达到Ⅱ类标准，52.0%的井位年均值达到Ⅲ类标准，1.0%的井位年均值达到Ⅳ类标准（濮阳）。

总大肠菌群浓度年均值范围为0.2～119.4 CFU/100 mL，83.3%的井位年均值达到Ⅰ类标准，15.7%的井位年均值达到Ⅳ类标准（安阳、鹤壁、信阳、驻马店、济源），1.0%的井位年均值为Ⅴ类标准（安阳）。

2.4.1.2　综合评价

1. 按井位评价

2021年，全省监控井位中水质级别为优良的井位占比19.6%，良好的井位占比52.0%，较差的井位占比27.5%，极差的井位占比1.0%。郑州、洛阳、平顶山、鹤壁、许昌、漯河、三门峡、南阳、驻马店9个城市水质级别为优良、良好的井位达到100%，焦作市水质级别为优良、良好的井位超过80.0%，济源、安阳2个城市水质级别为优良、良好的井位均超过70.0%，新乡、周口、开封、濮阳、商丘5个城市水质级别为较差的井位比例分别为40.0%、42.9%、75.0%、100%、100%，信阳市水质级别为较差、极差的井位比例分别为80.0%和20.0%，见表2-27。

表2-27　2021年全省及各城市地下水单井水质统计

城市名称	实际监测总井数/个	各级别井数所占比例/%				
		优良	良好	较好	较差	极差
郑州	5	20.0	80.0	0	0	0
开封	8	0	25.0	0	75.0	0
洛阳	14	7.1	92.9	0	0	0
平顶山	4	0	100	0	0	0
安阳	7	28.6	42.9	0	28.6	0
鹤壁	2	0	100	0	0	0
新乡	5	20.0	40.0	0	40.0	0
焦作	7	28.6	57.1	0	14.3	0

续表2-27

城市名称	实际监测总井数/个	各级别井数所占比例/%				
		优良	良好	较好	较差	极差
濮阳	4	0	0	0	100	0
许昌	1	100	0	0	0	0
漯河	6	66.7	33.3	0	0	0
三门峡	5	40.0	60.0	0	0	0
南阳	3	66.7	33.3	0	0	0
商丘	4	0	0	0	100	0
信阳	5	0	0	0	80.0	20.0
周口	7	14.3	42.9	0	42.9	0
驻马店	8	25.0	75.0	0	0	0
济源	7	14.3	57.1	0	28.6	0
全省	102	19.6	52.0	0	27.5	1.0

2. 城市综合定性评价

全省城市地下水质量为良好。17个省辖市及济源示范区中，漯河、许昌、南阳3个城市地下水水质级别为优良，鹤壁、三门峡、郑州、驻马店、平顶山、济源、焦作、周口、洛阳、安阳、新乡11个城市地下水水质级别为良好，开封、商丘、濮阳、信阳4个城市地下水水质级别为较差。其中，开封市除氟化物为Ⅳ类外，其他因子均符合Ⅲ类标准；濮阳市除总硬度为Ⅳ类、锰为Ⅳ类外，其他因子均符合Ⅲ类标准；商丘市除氟化物为Ⅳ类外，其他因子均符合Ⅲ类标准；信阳市除氨氮为Ⅳ类、总大肠菌群数为Ⅳ类、锰为Ⅳ类外，其他因子均符合Ⅲ类标准，见表2-28。

表2-28　2021年全省及省辖市地下水水质定性评价结果

城市名称	*F*值	级别	总大肠菌群	城市名称	*F*值	级别	总大肠菌群
郑州	2.15	良好	Ⅰ	漯河	0.71	优良	Ⅰ
开封	4.29	较差	Ⅰ	三门峡	2.14	良好	Ⅰ
洛阳	2.18	良好	Ⅰ	南阳	0.72	优良	Ⅰ
平顶山	2.16	良好	Ⅰ	商丘	4.30	较差	Ⅰ
安阳	2.18	良好	Ⅳ	信阳	4.37	较差	Ⅳ
鹤壁	2.14	良好	Ⅳ	周口	2.17	良好	Ⅰ
新乡	2.19	良好	Ⅰ	驻马店	2.15	良好	Ⅳ
焦作	2.17	良好	Ⅰ	济源	2.16	良好	Ⅰ
濮阳	4.33	较差	Ⅰ	全省	2.40	良好	Ⅰ
许昌	0.72	优良	Ⅰ				

以综合评价（F）分值排序，污染程度从轻到重，见图2-91。

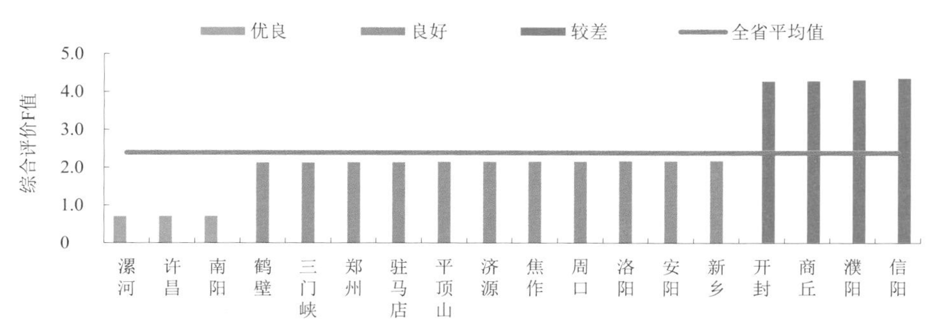

图2-91　2021年各城市地下水环境质量综合评价F分值排序

2.4.1.3　污染特征

全省城市地下水的首要污染物为总硬度，其次是总大肠菌群，见图2-92。总大肠菌群污染较重，污染负荷占12.5%，其中浅层水中总大肠菌群含量较高，平均为4.53 CFU/100 mL，且超地下水Ⅲ类标准比率为18.9%；中、深层水总大肠菌群含量平均为3.06 CFU/100 mL，超地下水Ⅲ类标准比率为14.3%，见表2-29。氟化物超标现象主要出现在开封、商丘等市，这些地区的地质和环境水文地质条件属于原生性高含量地带。

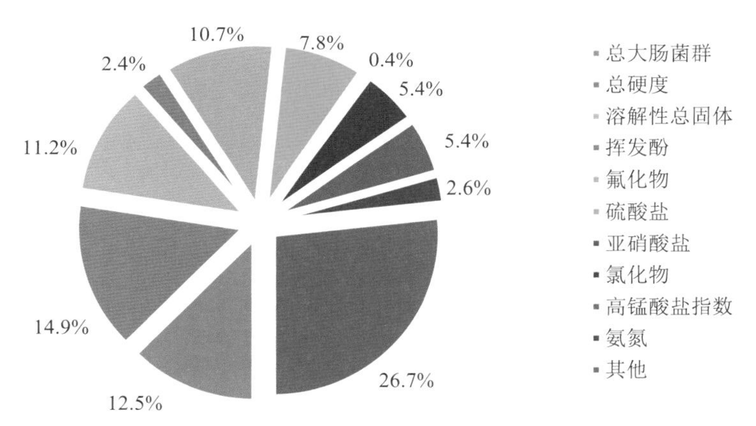

图2-92　2021年全省城市地下水主要污染因子污染负荷分布

表2-29　总大肠菌群指标空间分布情况

井深分类	超标井数	总井数	超标率/%	平均浓度/（CFU/100 mL）
浅层水	10	53	18.9	4.53
中、深层水	7	49	14.3	3.06

2.4.2 年度对比

2.4.2.1 单项因子类别

与2020年相比，2021年全省城市地下水质量基本稳定，各评价因子的年均值水质类别除锰变差外，其他均无变化，见表2-30。

表2-30 2021年与2020年全省及各城市地下水部分评价因子年均浓度值变化

因子	2021年	水质类别	2020年	水质类别	水质类别变化情况
总硬度/（mg/L）	314.7	Ⅲ	328.4	Ⅲ	无
硫酸盐/（mg/L）	91.6	Ⅱ	100.2	Ⅱ	无
氯化物/（mg/L）	63.4	Ⅱ	65.8	Ⅱ	无
耗氧量/（mg/L）	0.76	Ⅰ	0.78	Ⅰ	无
氨氮/（mg/L）	0.0606	Ⅱ	0.0797	Ⅱ	无
氟化物/（mg/L）	0.503	Ⅰ	0.505	Ⅰ	无
总大肠菌群/（CFU/100 mL）	1.8	Ⅰ	2.2	Ⅰ	无
亚硝酸盐/（mg/L）	0.0184	Ⅱ	0.0135	Ⅱ	无
硝酸盐/（mg/L）	5.101	Ⅲ	5.307	Ⅲ	无
挥发酚/（mg/L）	0.00023	Ⅰ	0.00023	Ⅰ	无
氰化物/（mg/L）	0.002	Ⅱ	0.002	Ⅱ	无
砷/（mg/L）	0.000754	Ⅰ	0.000745	Ⅰ	无
汞/（mg/L）	0.000025	Ⅰ	0.000037	Ⅰ	无
铬（六价）/（mg/L）	0.002	Ⅰ	0.002	Ⅰ	无
铅/（mg/L）	0.00093	Ⅰ	0.00075	Ⅰ	无
镉/（mg/L）	0.00019	Ⅱ	0.00011	Ⅱ	无
铁/（mg/L）	0.0265	Ⅰ	0.0260	Ⅰ	无
锰/（mg/L）	0.0604	Ⅲ	0.0470	Ⅰ	变差
溶解性总固体/（mg/L）	527	Ⅲ	542	Ⅲ	无

2.4.2.2 井位级别

各城市地下水水质优良、良好井位变化见表2-31、图2-93。

表2-31　2021年与2020年全省及各城市地下水水质优良、良好井位比例变化

城市名称	2021年		2020年		变化/%
	总井数/个	优良、良好井位比例/%	总井数/个	优良、良好井位比例/%	
郑州	5	100	5	100	0
开封	8	25.0	8	37.5	-12.5
洛阳	14	100	14	92.9	7.1
平顶山	4	100	4	50.0	50.0
安阳	7	71.4	7	42.9	28.5
鹤壁	2	100	2	100	0
新乡	5	60.0	7	57.1	2.9
焦作	7	85.7	11	81.8	3.9
濮阳	4	0	7	14.3	-14.3
许昌	1	100	1	100	0
漯河	6	100	6	100	0
三门峡	5	100	5	100	0
南阳	3	100	5	100	0
商丘	4	0	4	0	0
信阳	5	0	5	20.0	-20.0
周口	7	57.1	7	100	-42.9
驻马店	8	100	8	100	0
济源	7	71.4	7	42.9	28.5
全省	102	71.6	113	69.0	2.6

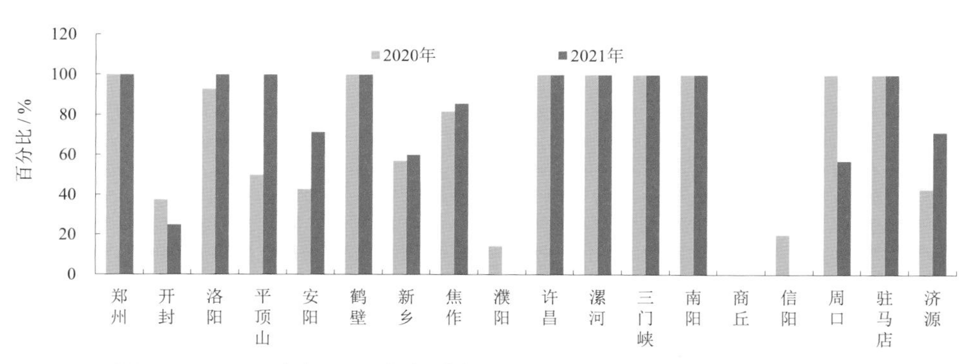

图2-93　2021年与2020年各城市地下水水质优良、良好井位比例变化

与2020年相比，全省城市地下水优良、良好井位比例增加2.6个百分点。平顶山、安阳、济源、洛阳、焦作、新乡6个城市地下水优良、良好井位分别增加50.0、28.5、

28.5、7.1、3.9、2.9个百分点；开封、濮阳、信阳、周口4个城市地下水优良、良好井位分别减少12.5、14.3、20、42.9个百分点。

2.4.2.3 城市水质级别

全省城市地下水水质综合评价*F*分值变化见表2-32、图2-94。与2020年相比，全省城市地下水水质级别由较好变为良好。漯河、南阳2个城市由良好变为优良，安阳、济源2个城市由较差变为良好，其他14个城市地下水水质级别均无变化。

表2-32 2021年与2020年全省及各城市地下水水质综合评价变化

城市名称	2021年		2020年		与2020年相比	
	*F*值	级别	*F*值	级别	增值	幅度/%
郑州	2.15	良好	2.15	良好	0	0
开封	4.29	较差	4.30	较差	−0.01	−0.2
洛阳	2.18	良好	2.18	良好	0	0
平顶山	2.16	良好	2.16	良好	0	0
安阳	2.18	良好	4.28	较差	−2.10	−49.1
鹤壁	2.14	良好	2.13	良好	0.01	0.5
新乡	2.19	良好	2.19	良好	0	0
焦作	2.17	良好	2.17	良好	0	0
濮阳	4.33	较差	4.30	较差	0.03	0.7
许昌	0.72	优良	0.74	优良	−0.02	−2.7
漯河	0.71	优良	2.13	良好	−1.42	−66.7
三门峡	2.14	良好	2.15	良好	−0.01	−0.5
南阳	0.72	优良	2.13	良好	−1.41	−66.2
商丘	4.30	较差	4.31	较差	−0.01	−0.23
信阳	4.37	较差	4.34	较差	0.03	0.69
周口	2.17	良好	2.16	良好	0.01	0.46
驻马店	2.15	良好	2.18	良好	−0.03	−1.4
济源	2.16	良好	4.27	较差	−2.11	−49.4
全省	2.40	良好	2.79	较好	−0.39	−14.0

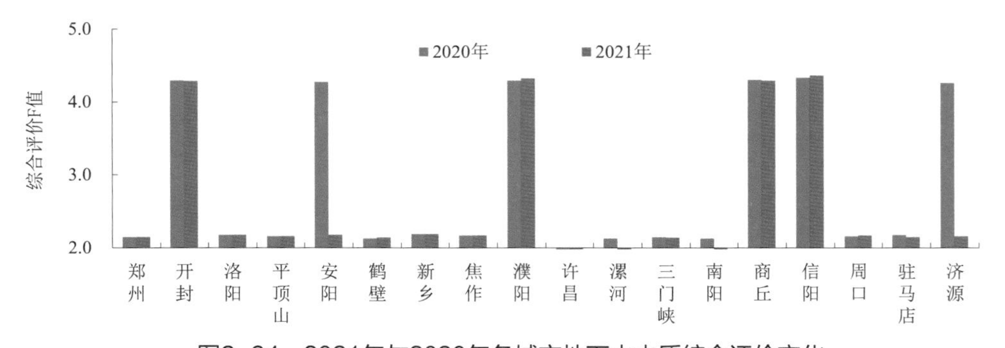

图2-94 2021年与2020年各城市地下水水质综合评价变化

2.4.3 小结与原因分析

2.4.3.1 小结

1. 全省城市地下水水质基本稳定

2021年，全省城市地下水质量为良好。漯河、许昌、南阳3个城市地下水水质级别为优良，鹤壁、三门峡、郑州、驻马店、平顶山、济源、焦作、周口、洛阳、安阳、新乡11个城市地下水水质级别为良好，开封、商丘、濮阳、信阳4个城市地下水水质级别为较差。与2020年相比，全省城市地下水水质级别由较好变为良好。漯河、南阳2个城市由良好变为优良，安阳市、济源2个城市由较差变为良好，其他14个城市地下水水质级别均无变化。

2. 城市地下水污染物地域性分布特征仍较明显

开封、商丘2个城市地下水氟化物为Ⅳ类，濮阳市总硬度、锰为Ⅳ类，信阳市锰为Ⅳ类，城市地下水主要污染物地域性分布特征仍较为明显。

2.4.3.2 原因分析

2021年，全省城市地下水的首要污染物为总硬度，其次是总大肠菌群，浅层水中较中、深层水中的总大肠菌群含量高。开封、商丘、濮阳、信阳4个城市地下水水质级别为较差，其中开封市氟化物、濮阳市总硬度和锰、商丘市氟化物、信阳市氨氮和总大肠菌群数及锰均出现过Ⅳ类。

开封、商丘2个城市的地貌特征主要为黄河冲积平原，由于黄河冲积层掩埋了黄泛前的洼地、盐碱地而形成了目前看似平坦的掩埋地貌。在掩埋洼地，由于富含碳酸氢钠的盐碱土被埋于地下，促使地下水碱化程度增强，形成强碱化水化学环境。地下水中的氟化物主要来源是岩石与土层中，流域内岩石、土层中氟化物质量比，较地下水中的氟质量浓度高出许多甚至几个数量级，而掩埋型洼地又适于水中氟富集，因此在岩石风化过程中，部分氟化物被地下水所溶解，导致氟化物质量浓度增高，最终形成这两个区域的高氟地下水分布，造成氟化物超标。

地下水中的锰来源通常是由于岩石和矿物中锰的氧化物、硫化物、碳酸盐、硅酸盐等溶解于水所致。在缺氧的还原环境中，能被还原为二价锰而溶解于含碳酸盐的水中。此外，在富含有机物的水中，还可能存在有机锰。濮阳、信阳2个城市地下水中锰的超标，除与当地地貌特征有关外，还与地下水含水介质与其上覆岩土成分、地下水的径流条件、矿化度及其有机质含量等有关。

总硬度除地质原因本底较高外，与城市地下水过量开采也有一定关系，开采过度可引起水动力场和水文地球化学环境的改变，促使土壤及其下层沉积物中钙镁易溶盐、难溶盐及交换性钙镁由固相向水中转移，从而使地下水硬度升高。

2.5 集中式饮用水水源地水质

2.5.1 现状评价

2.5.1.1 地表水型饮用水水源地

1. 省辖市

1）饮用水水源地达标情况

全省10个城市16个地表水型饮用水水源地的各评价因子浓度年均值均达到Ⅲ类标准，其水质浓度年均值均达标。其中，4个水源地水质达到Ⅰ类标准，占比25.0%；10个水源地水质达到Ⅱ类标准，占比62.5%；2个水源地水质达到Ⅲ类标准，占比12.5%。

2）取水水质达标率

全省省辖市地表水型饮用水水源地取水水质达标率为100%。

3）水质级别评价

全省省辖市地表水型饮用水水源地年均值评价水质级别为优。14个水源地水质级别为优，占比87.5%；2个水源地水质级别为良好，占比12.5%。省辖市地表水型饮用水水源地水质评价结果排序见图2-95。

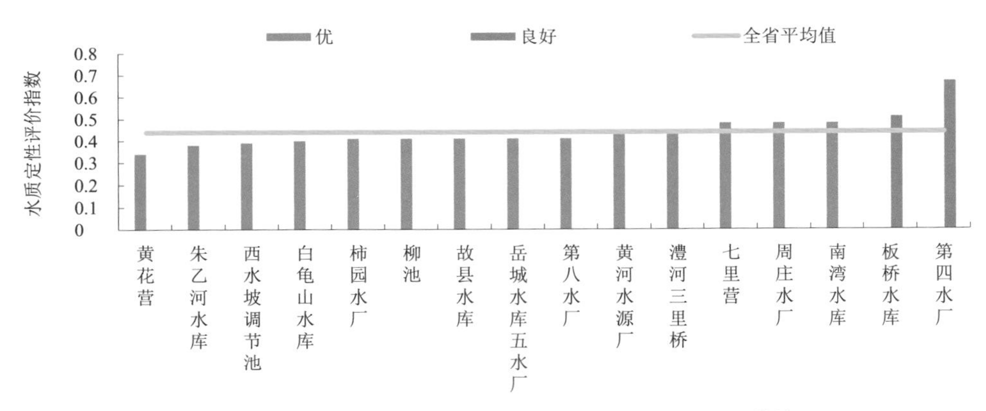

图2-95 2021年省辖市地表水型饮用水水源地水质评价结果

2. 县级

1）饮用水水源地达标情况

2021年，全省参评的46个县级地表水型饮用水水源地的各评价因子浓度年均值均达到Ⅲ类标准。其中，1个水源地水质达到Ⅰ类标准，占比2.2%；29个水源地水质达到Ⅱ类标准，占比63.0%；16个水源地水质达到Ⅲ类标准，占比34.8%。

2）取水水质达标率

全省县级地表水型饮用水水源地取水水质达标率为100%。

3）水质级别评价

全省县级地表水型饮用水水源地年均值评价水质级别为优。其中，27个水源地水质级别为优，占比58.7%；19个水源地水质级别为良好，占比41.3%。

2.5.1.2　地下水型饮用水水源地

1. 省辖市

1）饮用水水源地达标情况

2021年，全省10个城市的19个地下水型饮用水水源地各评价因子浓度年均值，5个水源地达到Ⅱ类标准，14个水源地达到Ⅲ类标准，即地下水型饮用水水源地水质年均值均达标，各水源地各评价因子年均值均达到Ⅲ类标准。

2）取水水质达标率

全省省辖市地下水型饮用水水源地取水水质达标率均为100%。

3）水质级别评价

全省省辖市地下水型饮用水水源地年均值评价水质级别为优。9个水源地水质级别为优，占比47.4%；10个水源地水质级别为良好，占比52.6%。

2. 县级

1）饮用水水源地达标情况

2021年，全省参评的79个县级地下水型饮用水水源地的各评价因子浓度年均值，14个水源地达到Ⅱ类标准，53个水源地达到Ⅲ类标准，11个水源地达到Ⅳ类标准，1个水源地为Ⅴ类标准，即67个水源地水质年均值均达标，达标率84.8%。

2）取水水质达标率

全省县级地下水型饮用水水源地取水水质达标率为91.5%。

3）水质级别评价

全省县级地下水型饮用水水源地年均值评价水质级别为良好。其中，40个水源监测点位水质级别为优，占比50.6%；32个水源监测点位水质级别为良好，占比40.5%；7个水源监测点位水质级别为轻污染，占比8.9%。

2.5.1.3　城市饮用水水源地评价

1. 省辖市

1）饮用水水源地达标情况

2021年，全省省辖市集中式饮用水水源地（地表水型和地下水型）监测因子浓度年均值均达到Ⅲ类标准。

2）取水水质达标率

全省省辖市集中式饮用水水源地取水水质达标率均为100%。

3）水质级别评价

全省省辖市集中式饮用水水源地浓度年均值水质级别为优。南阳、濮阳、平顶山、安阳、周口、郑州、鹤壁、三门峡、漯河、新乡、许昌、信阳12个城市集中式饮用水水源地水质级别为优，驻马店、开封、洛阳、焦作、济源、商丘6个城市集中式饮用水水源地水质级别为良好。

全省省辖市集中式饮用水水源地水质以综合评价指数（P）值从低到高排序，见图2-96。

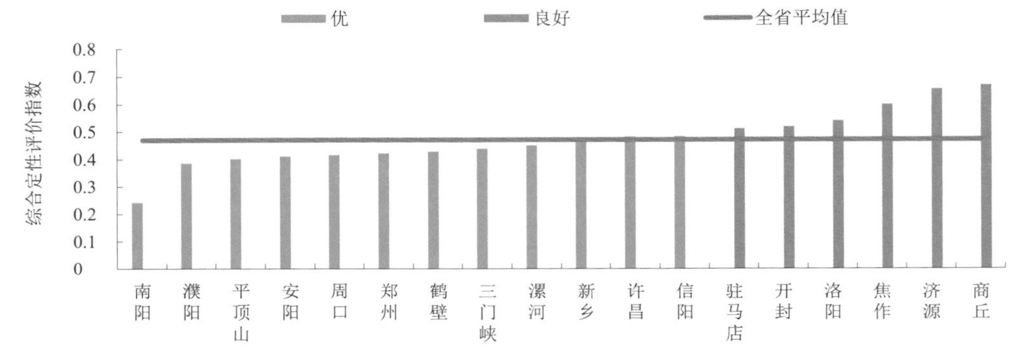

图2-96　2021年各城市集中式饮用水水源地综合评价排序

2. 县级城市

1）饮用水水源地达标情况

2021年，96个县级集中式饮用水水源地（地表水型与地下水型）中，除11个地下水型饮用水水源地外，其他85个水源地的监测因子浓度年均值均达到或优于Ⅲ类标准。

2）取水水质达标率

96个县（市）中，除新乡封丘县（0）、濮阳台前县（0）、商丘虞城县（0）、商丘夏邑县（0）、濮阳范县（0）、周口项城市（11.3%）、周口郸城县（34.6%）、周口沈丘县（60%）、周口扶沟县（69.4%）、周口鹿邑（83.0%）、郑州新密市（87.5%）、周口西华县（92.3%）、周口太康县（95.5%）13个县（市）外，其他83个县（市）集中式饮用水水源地取水水质达标率均为100%。

3）水质级别评价

全省县级集中式饮用水水源地浓度年均值评价水质级别为良好。54个县（市）水源地水质级别为优，36个县（市）水质级别为良好，6个县（市）水质级别为轻污染。

2.5.2　年度对比

2.5.2.1　地表水型饮用水水源地

1. 省辖市

1）饮用水水源地达标情况

2020—2021年，全省14个城市的16个地表水型饮用水水源地水质年均浓度值均优于或达到Ⅲ类标准。

2）水质级别定性对比

与2020年相比，16个地表水型饮用水水源地中，郑州柿园水厂、安阳第八水厂水质由Ⅱ类变为Ⅰ类、濮阳西水坡调节池水质由Ⅰ类变为Ⅱ类、驻马店板桥水库水质Ⅱ类变为Ⅲ类、洛阳故县水库因2020年无监测数据无法比较，其他11个水源地未发生水质级别变化，见表2-33、图2-97。

表2-33　2021年与2020年省辖市地表水型饮用水水源地水质综合评价变化

城市名称	水源监测点位名称	2021年		2020年	
		定性级别	水质类别	定性级别	水质类别
郑州	黄河水源厂	优	Ⅱ	优	Ⅱ
	柿园水厂	优	Ⅰ	优	Ⅱ
开封	柳池	优	Ⅱ	优	Ⅱ
洛阳	故县水库	优	Ⅱ	—	—
平顶山	白龟山水库	优	Ⅱ	优	Ⅱ
安阳	岳城水库五水厂	优	Ⅱ	优	Ⅱ
	第八水厂	优	Ⅰ	优	Ⅱ
鹤壁	黄花营	优	Ⅰ	优	Ⅰ
新乡	七里营	优	Ⅱ	优	Ⅱ
濮阳	西水坡调节池	优	Ⅱ	优	Ⅰ
许昌	周庄水厂	优	Ⅰ	优	Ⅰ
漯河	澧河三里桥	优	Ⅱ	优	Ⅱ
三门峡	朱乙河水库	优	Ⅱ	优	Ⅱ
商丘	第四水厂	良好	Ⅲ	良好	Ⅲ
信阳	南湾水库	优	Ⅱ	优	Ⅱ
驻马店	板桥水库	良好	Ⅲ	优	Ⅱ
全省		优	Ⅱ	优	Ⅱ

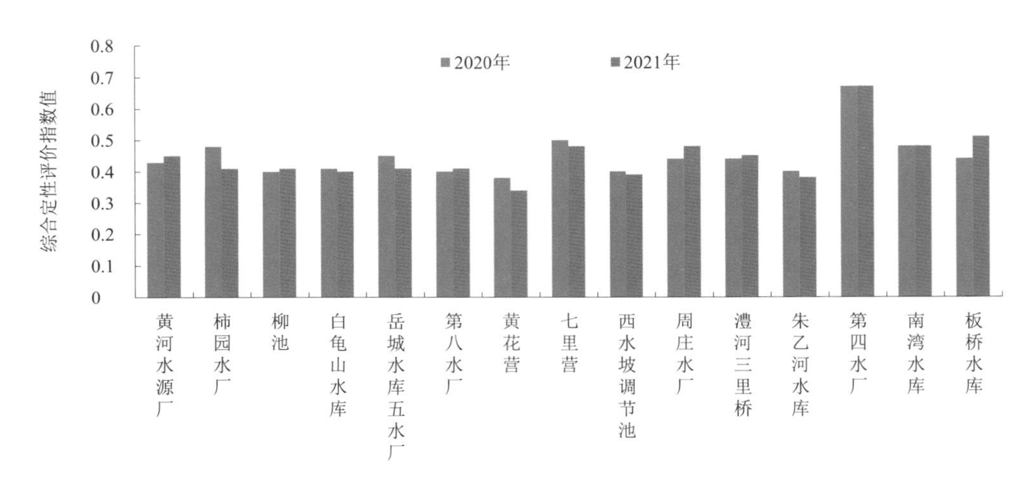

图2-97 2021年与2020年省辖市地表水型饮用水水源地水质变化

2. 县级

1）饮用水水源地达标情况

2020—2021年，县级地表水型饮用水水源地水质浓度年均值均优于或达到Ⅲ类标准。

2）水质级别定性对比

与2020年相比，46个县级地表水型饮用水水源地中，6个水源地水质由良好变为优，3个水源地水质由优变为良好，其他37个水源地未发生水质级别变化。

2.5.2.2 地下水型饮用水水源地

1. 省辖市

1）饮用水水源地达标情况

2020—2021年，10个城市的19个可比的地下水型饮用水水源地水质浓度年均值均优于或达到Ⅲ类标准。

2）水质级别定性对比

与2020年相比，全省省辖市地下水型饮用水水源地中，焦作市二水厂、周口市淮阳县自来水公司水源地均因2020年无监测数据不可比，郑州石佛水厂水质由良好变为优，三门峡一水厂、洛阳洛南水源混合水源地由优变为良好，其他14个水源地未发生水质级别变化，见表2-34。

表2-34　2021年与2020年省辖市地下水型饮用水水源地水质综合评价变化

城市名称	水源监测点位名称	2021年		2020年	
		定性级别	水质类别	定性级别	水质类别
郑州	井水厂	优	Ⅲ	优	Ⅲ
	石佛水厂	优	Ⅲ	良好	Ⅲ
开封	二水厂	良好	Ⅲ	良好	Ⅲ
洛阳	洛南水源混合	良好	Ⅲ	优	Ⅲ
	张庄水源混合	良好	Ⅲ	良好	Ⅲ
	李楼水源混合	良好	Ⅲ	良好	Ⅲ
鹤壁	集井	良好	Ⅲ	良好	Ⅲ
焦作	市二水厂	良好	Ⅲ	—	—
	市四水厂	优	Ⅱ	优	Ⅲ
	市六水厂	良好	Ⅲ	良好	Ⅲ
	市七水厂	良好	Ⅲ	良好	Ⅲ
许昌	董庄水厂	优	Ⅲ	优	Ⅲ
三门峡	一水厂	良好	Ⅲ	优	Ⅲ
	二水厂	优	Ⅱ	优	Ⅲ
	涧北水厂	优	Ⅱ	优	Ⅱ
南阳	东水厂	优	Ⅱ	优	Ⅱ
	二水厂	优	Ⅱ	优	Ⅱ
周口	淮阳县自来水公司	优	Ⅲ	—	—
济源	青多	良好	Ⅲ	良好	Ⅲ
全省		优	Ⅱ	优	Ⅲ

2. 县级

1）饮用水水源地达标情况

2020—2021年，全省县级地下水型饮用水水源地中，除2021年的12个水源地和2020年的16个水源地水质未达到Ⅲ类标准外，其他水源地水质浓度年均值均达到或优于Ⅲ类标准。

2）水质级别定性对比

与2020年相比，2021年全省可比的79个县级地下水型饮用水水源地监测点位中，14个水源地水质变好（9个水源地由良好变为优，5个水源地由轻污染变为良好），6个水源地水质变差，由优变为良好，59个水源地未发生水质级别变化。

2.5.2.3　城市饮用水水源地总体评价

1. 省辖市

与2020年相比，2021年省辖市集中式饮用水水源地水质均达到Ⅲ类标准。17个省辖市及济源示范区中，安阳市水源地由良好变为优，驻马店市水源地由优变为良好，其他

16个城市水源地水质级别保持不变，见表2-35、图2-98。

表2-35 2021年与2020年全省及各城市集中式饮用水水源地水质状况变化

城市名称	2021年		2020年	
	P值	级别	P值	级别
郑州	0.42	优	0.46	优
开封	0.52	良好	0.53	良好
洛阳	0.54	良好	0.58	良好
平顶山	0.40	优	0.41	优
安阳	0.41	优	0.56	良好
鹤壁	0.43	优	0.45	优
新乡	0.48	优	0.49	优
焦作	0.60	良好	0.60	良好
濮阳	0.39	优	0.40	优
许昌	0.48	优	0.46	优
漯河	0.45	优	0.44	优
三门峡	0.44	优	0.43	优
南阳	0.24	优	0.24	优
商丘	0.67	良好	0.67	良好
信阳	0.48	优	0.48	优
周口	0.42	优	0.50	优
驻马店	0.51	良好	0.44	优
济源	0.65	良好	0.65	良好
全省	0.47	优	0.46	优

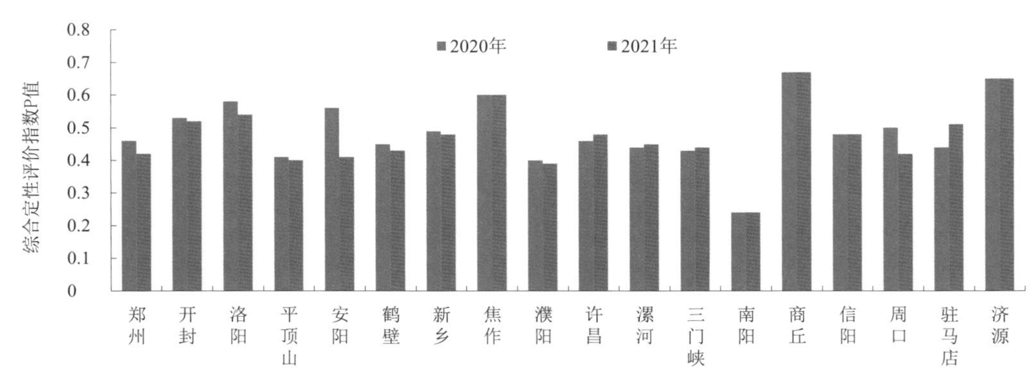

图2-98 2021年与2020年各城市集中式饮用水水源地水质状况变化

2. 县级城市

与2020年相比，96个县（市）中，11个县（市）集中式饮用水水源地水质级别由良好变为优，3个县（市）水源地水质由轻度污染变为良好，其他76个县（市）水源地水质级别保持不变，6个县（市）水源地水质由优变为良好。

2.5.3　小结及原因分析

2.5.3.1　小结

1. 城市集中式饮用水水源地水质基本稳定

1）省辖市

2021年，全省省辖市集中式饮用水水源地浓度年均值评价水质级别为优。17个省辖市及济源示范区中，南阳、濮阳、平顶山、安阳、周口、郑州、鹤壁、三门峡、漯河、新乡、许昌、信阳12个城市集中式饮用水水源地水质级别为优，驻马店、开封、洛阳、焦作、济源、商丘6个城市水质级别为良好。

与2020年相比，全省省辖市集中式饮用水水源地水质基本稳定。安阳市的水源地水质级别由良好变为优，其他16个城市水质级别保持不变，驻马店市水质级别由优变为良好。

2）县级城市

2021年，全省县级城市集中式饮用水水源地水质级别为良好。96个县（市）中，54个县（市）水质级别为优，36个县（市）水质级别为良好，6个县（市）水质级别为轻度污染。

与2020年相比，11个县（市）集中式饮用水水源地水质级别由良好变为优，3个县（市）水质级别由轻度污染变为良好，其他76个县（市）水质级别保持不变，6个县（市）水质级别由优变为良好。

2. 少部分县级城市饮用水水源地取水水质达标率未能达到100%

2021年，全省17个省辖市及济源示范区集中式饮用水水源地取水水质达标率均为100%；96个县（市）中，83个县（市）集中式饮用水水源地取水水质达标率均为100%，13个县（市）水源地取水水质达标率未能达到100%，分别为：新乡封丘县（0）、濮阳台前县（0）、商丘虞城县（0）、商丘夏邑县（0）、濮阳范县（0）、周口项城市（11.3%）、周口郸城县（34.6%）、周口沈丘县（60%）、周口扶沟县（69.4%）、周口鹿邑县（83.0%）、郑州新密市（87.5%）、周口西华县（92.3%）、周口太康县（95.5%），受污染物地域性分布特征较为明显。

2.5.3.2　原因分析

近些年全省城市集中式饮用水水源地水质保持基本稳定，主要原因如下：

（1）集中式饮用水水源地水质列入政府环境保护目标，促进了全省对城市集中式饮用水水源地的管理。

（2）在用地表水型饮用水水源地绝大部分安装了水质自动监测站，实施有效的监控和预警，有利于保护地表水型饮用水水源地水质。

（3）加大对集中式饮用水水源地的保护整治力度，对县级以上饮用水水源保护区内的环境问题进行整治。2020年以来，全省饮用水水源保护区内共认定违建别墅541栋，拆除462栋，关闭78栋，没收1栋，已全部按照违建别墅专项整治行动要求处置到位。

（4）启用侧渗水技术，减少利用地表水源地水量，增加地下水源地水量。

（5）采取水源地配水技术。如开封高氟井水与低氟井水混合配水后，氟的浓度可满足标准要求，还有高矿化度的水与低矿化度的水配水等，也提高了饮用水水源地的水质达标率。

（6）2014年12月12日，南水北调中线一期工程正式通水后，河南省受水区域有南阳、平顶山、许昌、郑州、焦作、新乡、鹤壁、安阳、濮阳等城市，南水北调水对部分水源地水质有改善作用。

2.6 城市声环境质量

2.6.1 现状评价

2.6.1.1 城市区域声环境

2021年，全省城市昼间区域声环境质量平均等效声级为53.4 dB（A），级别为二级。17个省辖市及济源示范区中，15个城市的昼间区域声环境质量级别达到二级，占比83.3%；3个城市级别为三级，占比16.7%，见图2-99、图2-100、表2-36。

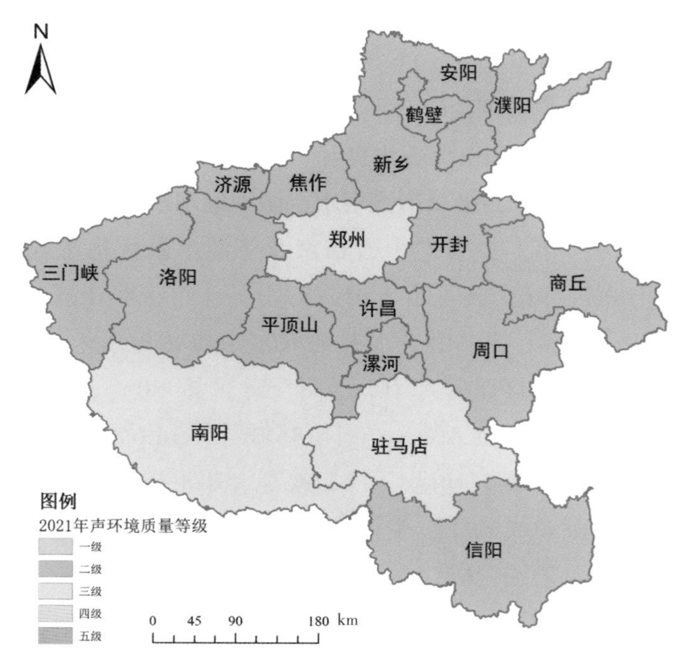

图2-99 2021年各城市昼间区域声环境质量平均等效声级

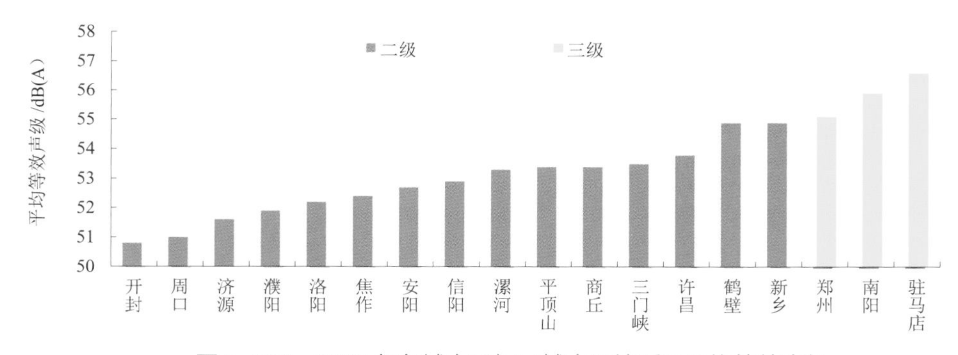

图2-100　2021年各城市昼间区域声环境质量平均等效声级

表2-36　2021年全省及各城市昼间区域声环境质量监测结果

城市名称	网格个数	网格大小/（m×m）	网格覆盖面积/km²	网格覆盖人口数/万人	平均等效声级/dB（A）	级别
郑州	196	1500×1500	441.0	520.0	55.1	三级
开封	204	508×508	52.6	69.0	50.8	二级
洛阳	262	800×800	167.7	94.1	52.2	二级
平顶山	201	350×350	24.6	84.8	53.4	二级
安阳	203	500×500	50.8	73.3	52.7	二级
鹤壁	200	500×500	50.0	18.6	54.9	二级
新乡	151	1000×1000	151.0	117.9	54.9	二级
焦作	141	800×800	90.2	28.2	52.4	二级
濮阳	116	800×800	74.2	72.4	51.9	二级
许昌	220	500×500	55.0	31.6	53.8	二级
漯河	205	600×600	73.8	66.4	53.3	二级
三门峡	201	350×350	24.6	29.6	53.5	二级
南阳	200	500×500	50.0	85.7	55.9	三级
商丘	111	500×500	27.8	88.3	53.4	二级
信阳	106	1000×1000	106.0	52.0	52.9	二级
周口	202	350×350	24.7	34.7	51.0	二级
驻马店	141	400×400	22.6	21.9	56.6	三级
济源	177	400×400	28.3	33.5	51.6	二级
全省	3237	—	1514.9	1522.0	53.4	二级

17个省辖市及济源示范区昼间区域声环境质量平均等效声级范围为50.8～56.6 dB（A）。开封、周口、济源、濮阳、洛阳、焦作、安阳、信阳、漯河、平顶山、商丘、

三门峡、许昌、鹤壁、新乡15个城市，昼间区域声环境质量平均等效声级范围为50.8～54.9 dB（A），级别为二级，占比83.3%；郑州、南阳、驻马店3个城市，昼间区域声环境质量平均等效声级范围为55.1～56.6 dB（A），级别为三级，占比16.7%，见图2-101。

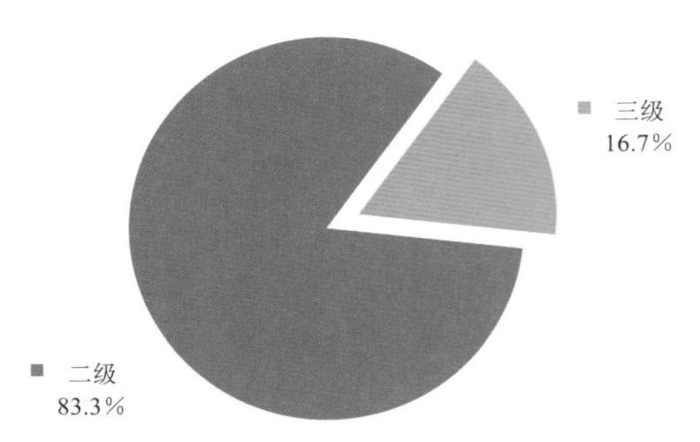

图2-101 2021年全省城市昼间区域声环境质量等级分布比例

全省城市昼间区域声环境质量声源构成表明，生活噪声源影响范围最广，占比73.6%；其次是交通和工业噪声源，占比分别为16.9%和7.8%；施工噪声源影响范围最小，占比1.7%。工业噪声、施工噪声平均等效声级均为54.8 dB（A），交通噪声平均等效声级为54.7 dB（A），生活噪声平均等效声级为53.2 dB（A），见图2-102、表2-37。

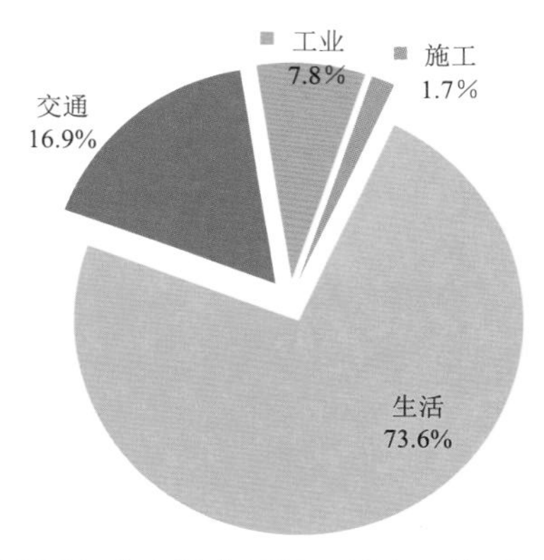

图2-102 2021年全省城市昼间区域声环境质量声源构成情况

表2-37 2021年全省及各城市昼间区域声环境质量声源构成

城市名称	交通噪声		工业噪声		施工噪声		生活噪声	
	所占比例/%	平均声级/dB(A)	所占比例/%	平均声级/dB(A)	所占比例/%	平均声级/dB(A)	所占比例/%	平均声级/dB(A)
郑州	14.3	58.5	1.5	56.3	1.5	60.8	82.6	56
开封	1.0	49.3	10.8	51.0	1.5	51.1	86.8	50.9
洛阳	16.0	53.2	9.9	54.3	1.9	52.9	72.1	51.7
平顶山	43.3	53.6	2.0	53.9	2.0	52.3	52.7	53.4
安阳	7.4	54.2	—	—	—	—	92.6	52.6
鹤壁	1.5	55.9	12.0	54	—	—	86.5	55.3
新乡	45.0	54.3	3.3	58.3	2.0	53.2	49.7	55.3
焦作	20.6	61.7	9.9	55.2	2.1	60.5	67.3	49.2

续表2-37

城市名称	交通噪声		工业噪声		施工噪声		生活噪声	
	所占比例/%	平均声级/dB（A）	所占比例/%	平均声级/dB（A）	所占比例/%	平均声级/dB（A）	所占比例/%	平均声级/dB（A）
濮阳	8.6	58	6.9	56.7	1.7	55.6	82.8	50.8
许昌	16.4	53.5	8.6	55.1	—	—	75	53.7
漯河	28.3	53.7	16.6	53.7	—	—	55.1	53.1
三门峡	6.0	55.8	1.0	55.2	4.5	56.1	88.6	53.5
南阳	—	—	5.5	54.7	—	—	94.5	55.9
商丘	12.6	54.3	—	—	—	—	87.4	53.2
信阳	49.1	53.4	7.5	55.9	13.2	52.1	30.2	51.9
周口	—	—	12.9	52.9	—	—	87.1	50.8
驻马店	32.6	57.1	20.6	58.5	3.5	57.2	43.2	55.7
济源	24.9	52.5	9.6	57.6	2.8	57.1	62.7	50.1
全省	16.9	54.7	7.8	54.8	1.7	54.8	73.6	53.2

2.6.1.2　城市道路交通声环境

全省昼间道路交通达标路段长1 831.5 km，达标率为88.4%。道路交通声环境质量平均等效声级为65.4 dB（A），质量级别为一级。17个省辖市及济源示范区中，16个城市昼间道路交通声环境质量级别达到一级，占比88.9%；2个城市质量级别为二级，占比11.1%，见图2-103、表2-38。

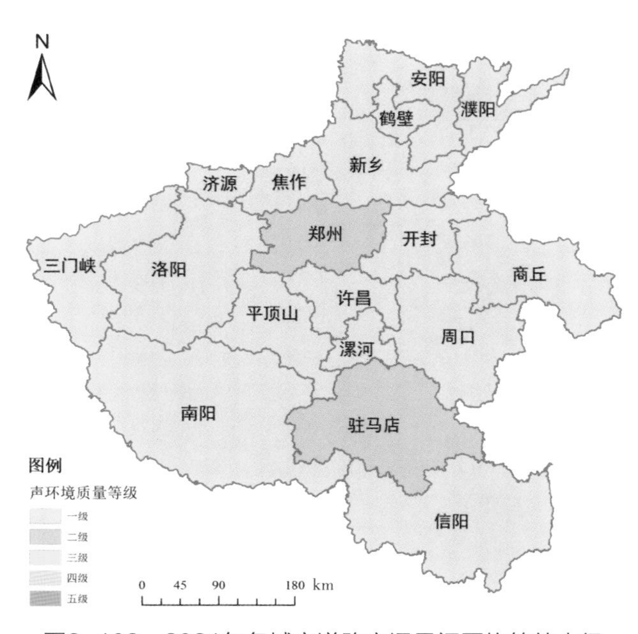

图2-103　2021年各城市道路交通昼间平均等效声级

17个省辖市及济源示范区昼间道路声环境质量平均等效声级范围为60.0～68.7 dB（A）。漯河、周口、商丘、鹤壁、济源、安阳、濮阳、洛阳、新乡、许昌、平顶山、南阳、三门峡、焦作、信阳、开封16个城市昼间道路交通声环境质量平均等效声级小于68.0 dB（A），级别为一级，占比88.9%；驻马店、郑州2个城市昼间道路交通声环境质量平均等效声级分别为68.2 dB（A）、68.7 dB（A），级别为二级，占比11.1%，见图2-103、图2-104、表2-38。

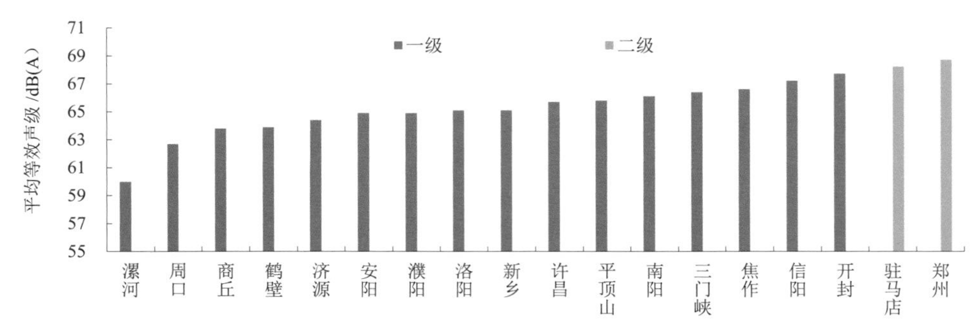

图2-104　2021年各城市昼间道路交通平均等效声级

表2-38　2021年全省及各城市昼间道路交通声环境质量监测结果

城市名称	路段总长度/km	达标路段总长度/km	路段达标率/%	平均车流量/（辆/h）	噪声平均值/dB（A）	级别
郑州	465.7	328.6	70.6	1670.2	68.7	二级
开封	71.3	54.2	76.0	1410.0	67.7	一级
洛阳	161.5	158.4	98.1	2273.6	65.1	一级
平顶山	46.0	43.7	95.1	1359.6	65.8	一级
安阳	69.1	69.1	100.0	1362.6	64.9	一级
鹤壁	33.4	33.4	100.0	809.5	63.9	一级
新乡	239.4	216.9	90.6	1275.7	65.1	一级
焦作	181.0	149.5	82.6	1006.2	66.6	一级
濮阳	191.0	191.0	100.0	1103.7	64.9	一级
许昌	38.5	37.4	97.3	1042.9	65.7	一级
漯河	98.4	98.4	100.0	1235.9	60.0	一级
三门峡	45.7	40.4	88.4	1048.7	66.4	一级
南阳	112.5	110.9	98.6	89.0	66.1	一级
商丘	98.2	98.2	100.0	828.4	63.8	一级
信阳	97.4	87.8	90.2	1315.6	67.2	一级
周口	40.5	40.5	100.0	926.9	62.7	一级
驻马店	36.5	26.5	72.7	893.0	68.2	二级
济源	46.6	46.6	100.0	1042.3	64.4	一级
全省	2072.7	1831.5	88.4	1149.7	65.4	一级

2.6.1.3 功能区声环境

全省昼间监测点次达标率为89.2%，夜间监测点次达标率为68.6%。其中，0类区点次达标率昼间为100%，夜间为0；1类区点次达标率昼间为82.9%，夜间为62.5%；2类区点次达标率昼间为86.7%，夜间为78.1%；3类区点次达标率昼间为93.8%，夜间为81.2%；4类区点次达标率昼间为97.8%，夜间为55.4%，见图2-105、表2-39。

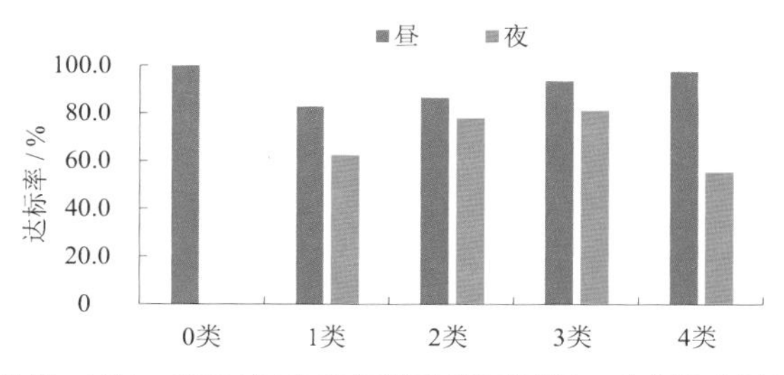

图2-105 2021年全省各类功能区昼间、夜间达标率

表2-39 2021年全省及各城市功能区昼间、夜间达标率（%）

城市名称	0类		1类		2类		3类		4类		综合	
	昼	夜	昼	夜	昼	夜	昼	夜	昼	夜	昼	夜
郑州	—	—	92.9	50.0	78.6	46.4	100	91.7	100	8.3	90.0	48.8
开封	—	—	100	100	100	100	100	100	100	50.0	100	87.5
洛阳	—	—	100	100	100	100	100	100	100	100	100	100
平顶山	—	—	87.5	87.5	100	75.0	100	87.5	—	—	95.8	83.3
安阳	—	—	56.3	25.0	100	25.0	87.5	62.5	83.3	41.7	75.0	37.5
鹤壁	—	—	75.0	75.0	25.0	100	100	100	100	0	75.0	68.8
新乡	—	—	64.3	35.7	25.0	37.5	58.3	25.0	100	31.3	67.2	32.8
焦作	—	—	75.0	75.0	100	75.0	100	100	100	100	93.8	87.5
濮阳	—	—	87.5	50	100	93.8	100	100	100	100	95.5	79.5
许昌	—	—	100	100	100	100	100	100	—	—	100	100
漯河	—	—	100	100	100	100	100	100	100	100	100	100
三门峡	100	0	75.0	100	75.0	100	100	100	—	—	87.5	75.0
南阳	—	—	100	100	100	100	100	100	100	100	100	100
商丘	—	—	100	100	100	100	100	100	100	100	100	100
信阳	—	—	100	100	100	100	100	100	100	0	100	75.0
周口	—	—	100	100	100	100	100	100	100	100	100	100
驻马店	—	—	75.0	50.0	100	100	100	100	100	50.0	93.8	75.0
济源	—	—	100	100	75.0	75.0	100	0	100	100	93.8	68.8
全省	100	0	82.9	62.5	86.7	78.1	93.8	81.2	97.8	55.4	89.2	68.6

17个省辖市及济源示范区中，开封、洛阳、许昌、漯河、南阳、商丘、信阳、周口8个城市功能区昼间点次达标率为100%，平顶山、濮阳、焦作、驻马店、济源、郑州6个

城市为90%～100%，三门峡市为80%～90%，安阳、鹤壁、新乡3个城市在80%以下。

洛阳、许昌、漯河、南阳、商丘、周口6个城市夜间点次达标率为100%，开封、焦作、平顶山3个城市为80%～90%，濮阳、三门峡、信阳、驻马店、鹤壁、济源、郑州、安阳、新乡9个城市在80%以下，见图2-106和图2-107。

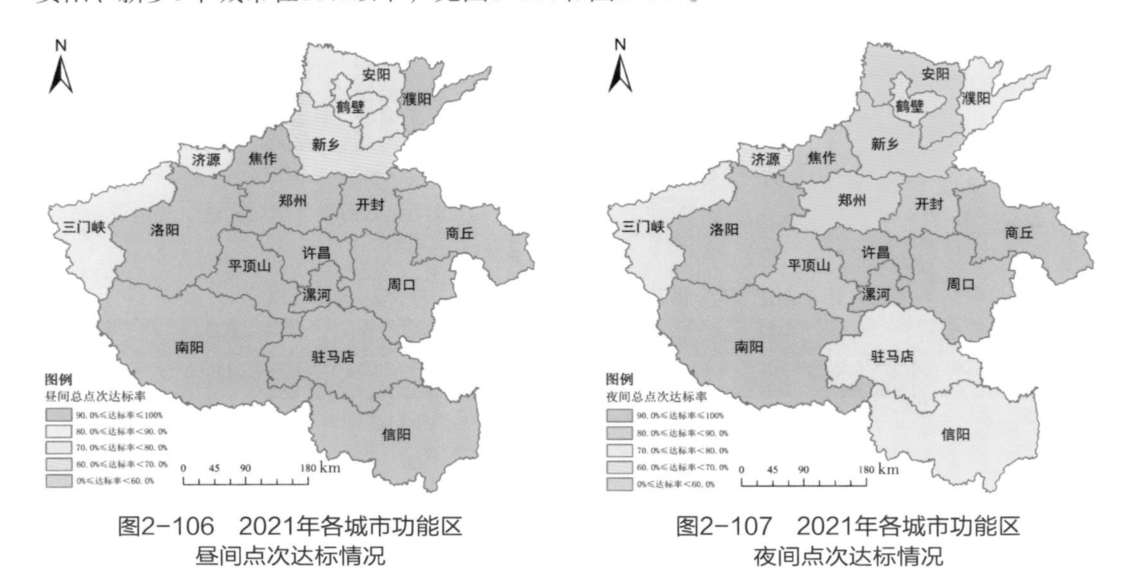

图2-106 2021年各城市功能区昼间点次达标情况

图2-107 2021年各城市功能区夜间点次达标情况

2.6.2 年度对比

2.6.2.1 城市区域声环境质量

与2020年相比，全省城市区域声环境质量昼间基本稳定，平均质量等级仍为二级。15个质量等级为二级的城市中，开封、洛阳、平顶山、安阳、新乡、焦作、濮阳、漯河、三门峡、商丘、信阳、周口、济源13个城市未发生级别变化，鹤壁、许昌2个城市质量等级有所上升，由三级变为二级；3个质量等级为三级的城市中，郑州、驻马店2个城市未发生级别变化，南阳市有所下降，由二级变为三级，见图2-108、表2-40。

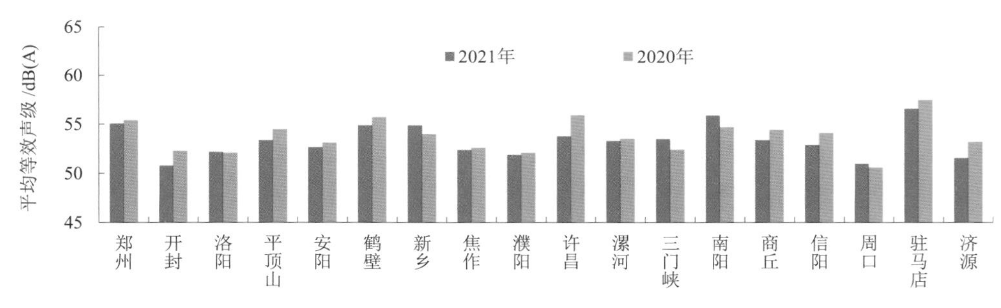

图2-108 2021年与2020年各城市昼间区域声环境质量比较

表2-40　2021年与2020年全省及各城市昼间区域声环境质量变化

城市名称	2020年		2021年		变化	
	等效声级/dB（A）	级别	等效声级/dB（A）	级别	等效声级/dB（A）	级别
郑州	55.4	三级	55.1	三级	−0.3	不变
开封	52.3	二级	50.8	二级	−1.5	不变
洛阳	52.1	二级	52.2	二级	0.1	不变
平顶山	54.5	二级	53.4	二级	−1.1	不变
安阳	53.1	二级	52.7	二级	−0.4	不变
鹤壁	55.7	三级	54.9	二级	−0.8	上升
新乡	54.0	二级	54.9	二级	0.9	不变
焦作	52.6	二级	52.4	二级	−0.2	不变
濮阳	52.1	二级	51.9	二级	−0.2	不变
许昌	55.9	三级	53.8	二级	−2.1	上升
漯河	53.5	二级	53.3	二级	−0.2	不变
三门峡	52.4	二级	53.5	二级	1.1	不变
南阳	54.7	二级	55.9	三级	1.2	下降
商丘	54.4	二级	53.4	二级	−1.0	不变
信阳	54.1	二级	52.9	二级	−1.2	不变
周口	50.6	二级	51.0	二级	0.4	不变
驻马店	57.5	三级	56.6	三级	−0.9	不变
济源	53.2	二级	51.6	二级	−1.6	不变
全省	53.8	二级	53.4	二级	−0.4	不变

与2020年相比，全省城市昼间区域声环境声源结构未见明显变化，影响范围最广的噪声源仍是生活噪声，见图2-109。各类噪声强度变化不大，工业噪声、施工噪声强度分别增加0.7 dB（A）、0.4 dB（A）；交通噪声、生活噪声强度分别减少0.3 dB（A）、0.5 dB（A）。

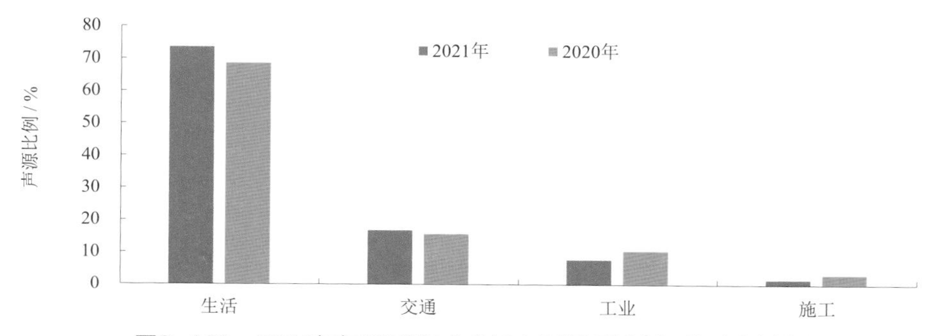

图2-109　2021年与2020年全省城市昼间区域声源类型比例变化

2.6.2.2　城市道路交通声环境

与2020年相比，全省城市昼间道路交通声环境质量保持稳定，平均质量等级仍为一级。16个质量等级为一级的城市中，开封、洛阳、平顶山、安阳、鹤壁、焦作、濮阳、许昌、漯河、三门峡、南阳、商丘、信阳、周口、济源15个城市未发生级别变化，新乡市质量级别上升，由二级变为一级；2个质量级别为二级的城市中，郑州市未发生级别变化，驻马店市有所下降，由一级变为二级，见表2-41、图2-110。

表2-41　2021年与2020年全省及各城市道路交通环境噪声环境质量变化

城市名称	2020年		2021年		变化	
	等效声级/dB（A）	级别	等效声级/dB（A）	级别	等效声级/dB（A）	级别
郑州	68.5	二级	68.7	二级	0.2	不变
开封	67.9	一级	67.7	一级	-0.2	不变
洛阳	65.7	一级	65.1	一级	-0.6	不变
平顶山	66.6	一级	65.8	一级	-0.8	不变
安阳	64.7	一级	64.9	一级	0.2	不变
鹤壁	64.4	一级	63.9	一级	-0.5	不变
新乡	68.5	二级	65.1	一级	-3.4	上升
焦作	65.4	一级	66.6	一级	1.2	不变
濮阳	65.0	一级	64.9	一级	-0.1	不变
许昌	67.9	一级	65.7	一级	-2.2	不变
漯河	60.9	一级	60.0	一级	-0.9	不变
三门峡	67.5	一级	66.4	一级	-1.1	不变
南阳	67.7	一级	66.1	一级	-1.6	不变
商丘	63.9	一级	63.8	一级	-0.1	不变
信阳	67.4	一级	67.2	一级	-0.2	不变
周口	63.4	一级	62.7	一级	-0.7	不变
驻马店	67.1	一级	68.2	二级	1.1	下降
济源	64.8	一级	64.4	一级	-0.4	不变
全省	66.0	一级	65.4	一级	-0.6	不变

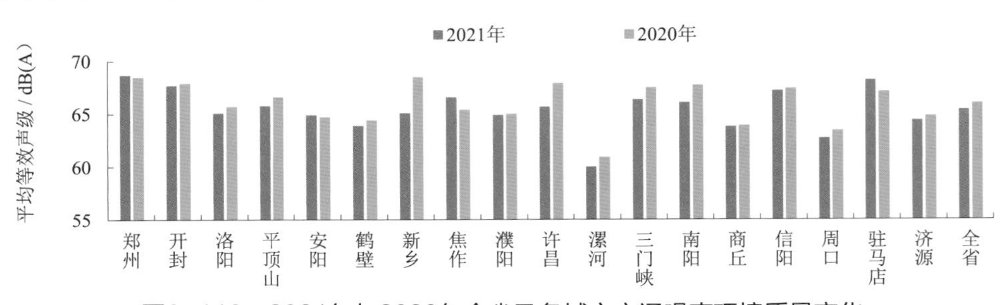

图2-110　2021年与2020年全省及各城市交通噪声环境质量变化

2.6.2.3 功能区声环境

与2020年相比，2021年全省功能区昼间、夜间平均等效声级均有降低，监测点次达标率分别升高4.9、8.0个百分点。其中昼间达标率0类区、1类区有所升高，2类区、3类区、4类区均略有下降；夜间达标率0类区、3类区、4类区有所下降，1类区、2类区有所上升，见图2-111、图2-112、表2-42。

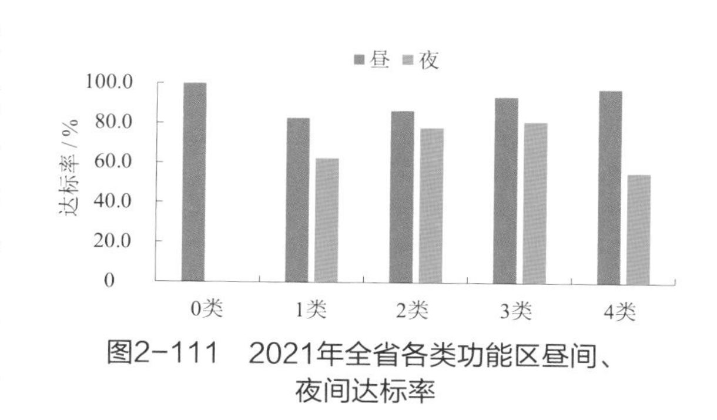

图2-111 2021年全省各类功能区昼间、夜间达标率

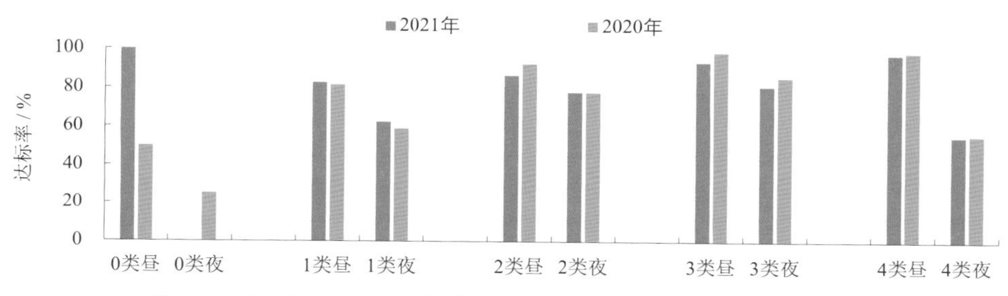

图2-112 2021年与2020年全省功能区监测点次达标率变化

表2-42 2021年与2020年全省各功能区噪声达标率变化

年度	项目	0类		1类		2类		3类		4类	
		昼	夜	昼	夜	昼	夜	昼	夜	昼	夜
2020	等效声级/dB（A）	48.9	44.4	50.9	43.0	54.3	46.6	56.5	49.5	61.4	54.0
	达标率/%	50.0	25.0	81.5	58.9	92.6	77.8	98.8	85.7	98.7	55.8
2021	等效声级/dB（A）	47.2	42.0	51.3	43.0	55.1	46.5	57.4	50.0	61.8	53.5
	达标率/%	100	0	82.9	62.5	86.7	78.1	93.8	81.2	97.8	55.4
变化	等效声级/dB（A）	-1.7	-2.4	0.4	0.0	0.8	-0.1	0.9	0.5	0.4	-0.5
	达标率/%	50.0	-25.0	1.4	3.6	-5.9	0.3	-5.0	-4.5	-0.9	-0.4

17个省辖市及济源示范区中，驻马店、平顶山2个城市功能区昼间声环境质量达标率升高较多，三门峡、郑州2个城市略有升高，开封、洛阳、焦作、许昌、漯河、南阳、商丘、信阳、周口、济源10个城市保持不变，濮阳市略有下降，安阳、鹤壁、新乡3个城市下降较多，见图2-113。

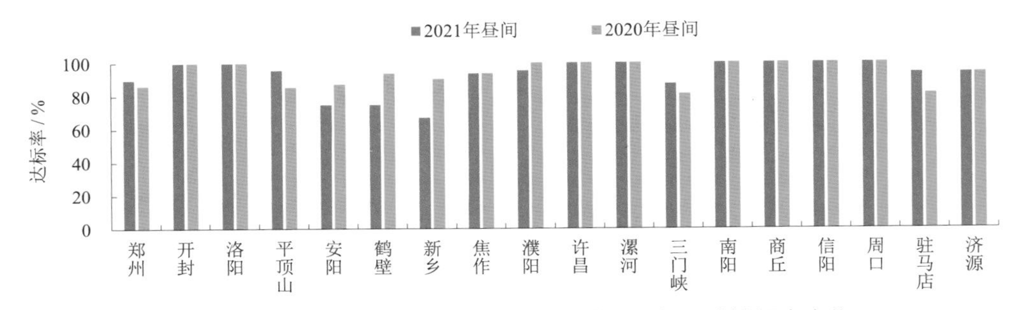

图2-113 2021年与2020年各城市功能区昼间噪声达标率变化

17个省辖市及济源示范区中，许昌、三门峡、濮阳、商丘4个城市功能区夜间声环境质量达标率升高较多，郑州、洛阳、焦作、漯河、驻马店、平顶山6个城市略有升高，开封、鹤壁、南阳、信阳、周口5个城市保持不变，济源示范区略有下降，新乡、安阳2个城市下降较多，见图2-114、表2-43。

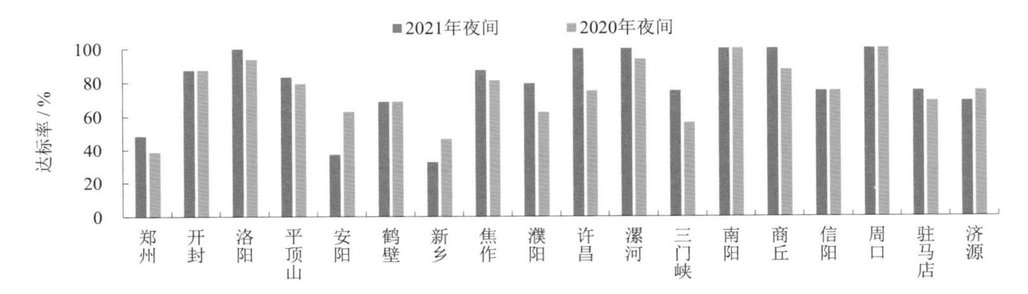

图2-114 2021年与2020年各城市功能区夜间噪声达标率变化

表2-43 2021年与2020年全省及各城市功能区噪声达标率变化

城市名称	2020年（%）		2021年（%）		变化（百分点）	
	昼间	夜间	昼间	夜间	昼间	夜间
郑州	86.5	38.9	90.0	48.8	3.5	9.9
开封	100	87.5	100	87.5	0	0
洛阳	100	93.8	100	100	0	6.2
平顶山	85.7	79.4	95.8	83.3	10.1	3.9
安阳	87.5	63.0	75.0	37.5	−12.5	−25.5
鹤壁	93.8	68.8	75.0	68.8	−18.8	0
新乡	90.6	46.9	67.2	32.8	−23.4	−14.1
焦作	93.8	81.3	93.8	87.5	0	6.2
濮阳	100	62.5	95.5	79.5	−4.5	17.0
许昌	100	75.0	100	100	0	25.0
漯河	100	93.8	100	100	0	6.2

续表2-43

城市名称	2020年（%）		2021年（%）		变化（百分点）	
	昼间	夜间	昼间	夜间	昼间	夜间
三门峡	81.3	56.3	87.5	75.0	6.2	18.7
南阳	100	100	100	100	0	0
商丘	100	87.5	100	100	0	12.5
信阳	100	75.0	100	75.0	0	0
周口	100	100	100	100	0	0
驻马店	81.3	68.8	93.8	75.0	12.5	6.2
济源	93.8	75.0	93.8	68.8	0	-6.2
全省	84.3	60.6	89.2	68.6	4.9	8.0

2.6.3 小结与原因分析

2.6.3.1 小结

全省声环境质量基本稳定。

1. 城市区域声环境质量

全省城市昼间平均等效声级为53.4 dB（A），质量级别为二级。17个省辖市及济源示范区中，15个城市区域声环境质量级别达到二级，占比83.3%；3个城市为三级、占比16.7%。与2020年相比，全省城市昼间区域声环境质量级别未发生级别变化，仍为二级。

2. 城市道路交通声环境

全省城市昼间道路交通声环境质量平均等效声级为65.4 dB（A），级别为一级。17个省辖市及济源示范区中，16个城市昼间道路交通声环境质量达到一级，占比88.9%；2个城市为二级，占比11.1%。与2020年相比，全省城市昼间道路交通声环境质量级别未发生级别变化，仍为一级。

3. 城市功能区声环境

全省城市功能区声环境质量昼间、夜间测点达标率分别为89.2%、68.6%。17个省辖市及济源示范区中，8个城市功能区昼间点次达标率为100%，6个城市为90%～100%，1个城市为80%～90%，3个城市在80%以下；6个城市夜间点次达标率为100%，3个城市为80%～90%，9个城市在80%以下。与2020年相比，昼间、夜间测点达标率分别升高4.9、8.0个百分点。

2.6.3.2 原因分析

1. 各类声源成因分析

2021年，全省城市昼间区域声环境质量呈现持续改善的趋势，城市昼间区域监测点位的声源类型比例基本稳定，平均来看：社会生活噪声占73.6%，交通噪声占16.9%，工业噪声占7.8%，建筑施工噪声占1.7%。社会生活噪声所占比例最大，交通噪声次之。各类声源成因分析如下：

1）社会生活噪声源

主要是由于河南省人口密度高、部分城市缺乏对流动商贩的科学管理、一些老旧小区在规划方面存在着不科学的情况以及各类娱乐场所在日常经营的过程中缺乏对噪声管理工作的重视等诸多因素综合造成。

2）交通噪声源

成因主要是"十三五"期间，河南省汽车保有量的增加导致城市道路的平均车流量持续升高，使得交通噪声源成为影响河南省城市声环境质量且影响面积较广的第二噪声源。

3）工业噪声源

主要是由工厂中机器工作产生的声音以及大型工业风扇产生的噪声造成的。

4）施工噪声源

主要是随着城市化进程的加速，各地相继大规模开发房地产、基础设施建设，建筑工地星罗棋布，毗邻居住区、建设工期长、施工噪声大等问题，导致建筑施工噪声污染严重。

2. 声环境质量显著改善原因分析

1）思想重视是根本

全省各级生态环境部门均高度重视，把环境噪声污染防治工作与大气、水、土壤等攻坚工作，一同安排部署、一同推进实施，年初有计划，年中有督导，年底有总结，全面夯实工作责任，特别是压实各级公安机关、城市执法、环境执法、交通管理等部门的职责，把环境噪声污染防治工作作为贯彻落实习近平生态文明思想、促进社会和谐的实际行动和具体举措，摆在突出重要位置抓实抓好，努力为人民群众创造良好的生活和学习环境。

2）严格执法是关键

认真贯彻执行《中华人民共和国环境噪声污染防治法》《中华人民共和国治安管理处罚法》《中华人民共和国道路交通安全法》《110接处警工作规则》等有关规定，相关部门切实担负起法定职责，进一步加大噪声污染的监管力度。对群众举报投诉的噪声扰民行为，及时接警、派警、处警，对在城市市区噪声敏感建筑集中区使用高音喇叭，在露天公共场所使用音响器材且音量过大以及使用家用电器、乐器、室内装修或高音喇叭叫卖等制造噪声干扰正常生活的违法行为，严格依法制止查处。

3）机制建设是基础

建立健全举报投诉机制是做好环境噪声污染防治的基础。严格落实12369举报电话24 h值班制度，省、市、县级生态环境保护部门联动、转递归口管理制度，限时办结制度，办理结果限时反馈制度，案件受理和办理情况跟踪问效制度，切实解决噪声污染和扰民问题。对居民噪声污染投诉，包括12369环保热线投诉、来信、来访、网络投诉等，生态环境保护部门实行现场勘察、现场监测，发现问题要求限期整改，对工程量大的项目协调纳入政府年度限期治理项目或实施资金支持。借助12369环保热线、有奖举报、110联动网民诉求、数字化城市管理系统、110城市应急联动终端和12369环保微信举报平台，形成各相关部门通力合作、密切配合、高效联动的社会噪声管理体系，有效防止和制止城市噪声污染。

4）加大宣传是保障

充分利用“110宣传月”“警营开放日”以及广播电台、电视台、报纸、互联网、微信公众号等媒体，会同政府有关职能部门开展宣传教育工作，积极营造全社会关注，共同维护良好生活学习环境的社会氛围。同时，紧密结合公安机关“一格（村）一警”网格化管理，有针对性地深入城市居民小区、农村居民聚集区、商业网点、歌舞娱乐场所以及学校、医院周边开展宣传教育，争取公众支持，自觉减少噪声污染。

2.7 生态环境质量

因2021年环境统计数据、水资源和社会经济统计数据未正式公布，生态状况评价采用2020年数据。

2.7.1 现状评价

2.7.1.1 生态环境质量状况评价

1. 省域

根据《生态环境状况评价技术规范》（HJ 192—2015）对全省生态环境质量状况进行评价，通过分析有关遥感影像、环境统计及水资源数据计算得出，2020年全省生态环境状况指数（EI）值为62.8，生态环境质量等级为良，植被覆盖度较高，生物多样性较丰富，适合人类生活。

2. 市域

2020年，17个省辖市及济源示范区生态环境状况指数（EI）值分布在53.8～75.7，生态环境状况为3个等级，即优、良和一般，没有出现评价体系中所指的较差类和差类。其中，三门峡市生态环境质量等级为优，占6.0%；洛阳、信阳、济源、南阳、平顶山、驻马店、焦作、安阳、新乡、商丘、周口、漯河、郑州13个城市生态环境质量等级为良，占83.4%；许昌、鹤壁、开封和濮阳4个城市生态环境质量等级均为一般占10.6%，见图2-115和图2-116。

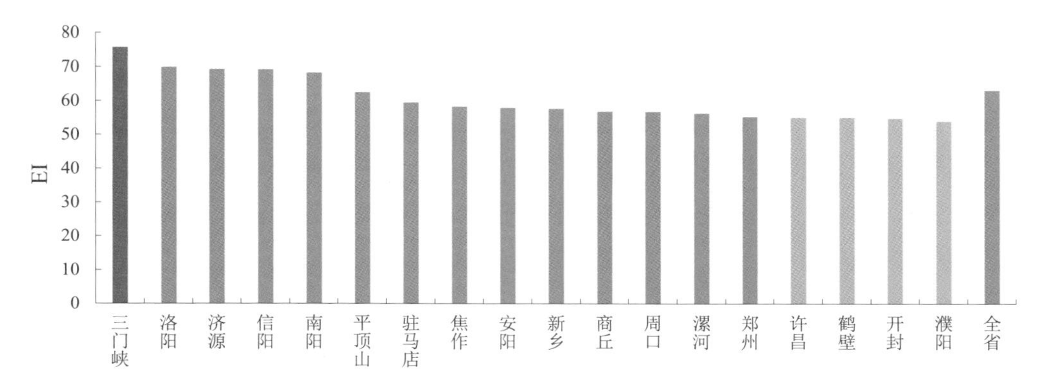

图2-115 2020年全省及各城市生态环境状况指数

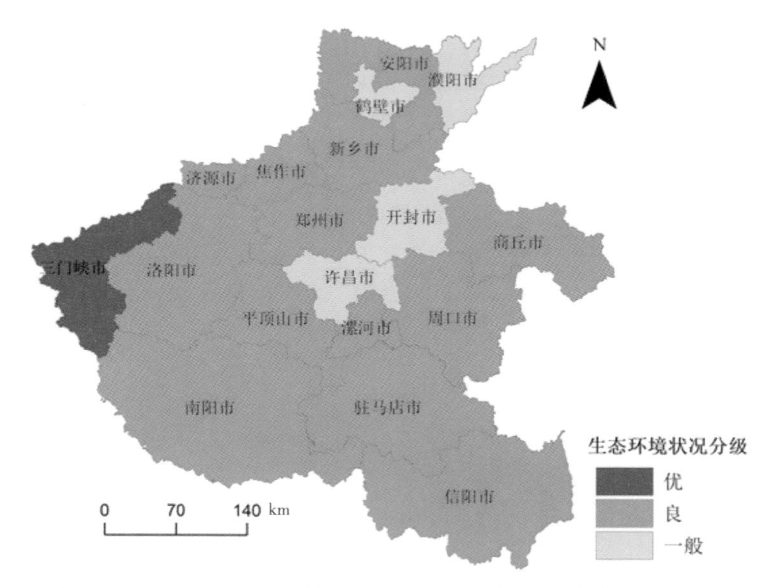

图2-116 2020年河南省市域生态环境质量状况级别空间分布

3. 县域

2020年，全省县域生态环境状况指数（EI）值分布在44.8～85.3，数值跨度比较大，可见生态环境质量状况空间分异比较明显。栾川县、卢氏县、西峡县、南召县、新县、嵩县、商城县和内乡县8个县域生态环境状况等级为优，空间分布比较集中，主要分布在人为扰动较少，生物、植被类型保存较完整的伏牛山、大别山区，河流、湖泊分布较密集；洛宁县、灵宝县、桐柏县等82个县域生态环境质量等级为良，主要分布在伏牛山、大别山区，水资源丰富，植被良好；延津县、淮阳县、伊川县等33个县域生态环境质量等级为一般，主要分布在河南省中东部平原地区，人口较密集。17个省辖市及济源示范区辖区中，信阳市辖区、三门峡市辖区、济源示范区城区、南阳市辖区、商丘市辖区和漯河市辖区的生态环境质量等级为良，其他12个城市辖区的等级均为一般。

17个省辖市及济源示范区辖区、105个县（市）共123个评价单元中，生态环境质量等级为优、良、一般的数量分别为8个、82个、33个，面积分别占全省土地面积的13.0%、70.5%、16.5%，见图2-117。

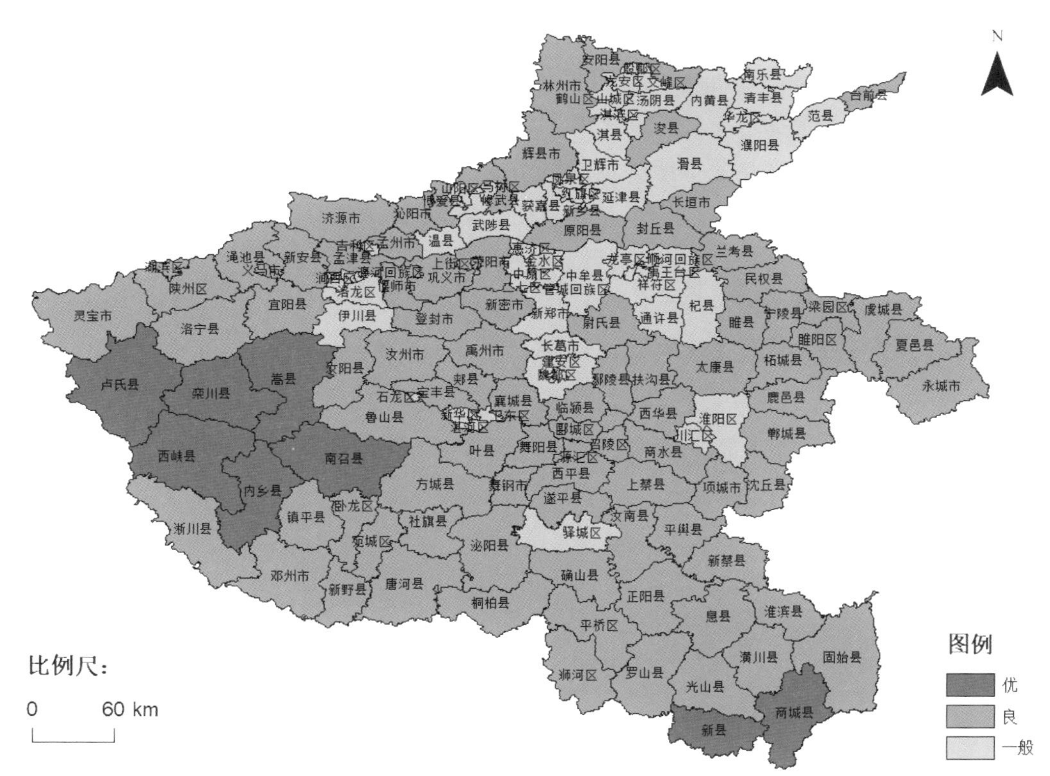

图2-117 2020年全省县域生态环境质量状况级别空间分布

2.7.1.2 生态环境状况分析

1. 空间分布特征

全省市域生态环境质量等级为优和良的城市主要分布在豫西、豫南的山地丘陵区，等级为一般的城市主要分布在黄淮海平原地区。

2. 生态环境状况类型的人口比

根据生态环境状况分类级别，计算全省各生态环境质量类型的人口百分比。生态环境质量等级为优的城市人口占全省总人口的2.1%，等级为良和一般的城市人口分别占全省总人口的83.7%和14.2%。

3. 生态环境状况类型的国内生产总值（GDP）比

根据生态环境状况分类级别，计算全省各生态环境质量类型的GDP比。生态环境质量等级为优、良和一般的城市GDP分别占全省GDP总量的2.6%、82.2%、15.2%。

从空间、人口、经济三个方面来看，生态环境质量等级为优的只有三门峡市，其人口密度和经济密度均比较低。生态环境质量等级为一般的城市与等级为良的城市相比，人口相对较密集，经济所占的比重较大。2020年生态环境质量等级为良的城市经济密度3 266万元/km^2，人口密度628 人/km^2；生态环境质量等级为一般的城市经济密度5 156万元/km^2，人口密度986 人/km^2。生态环境质量等级为一般的城市每平方千米比生态环境质量等级为良的城市多358人，经济密度多1 890万元/km^2，生态环境质量等级为一般的城市经济密度、人口密度均是等级为良的城市的1.6倍。

2.7.2 年度对比

对比分析2020年与2019年17个省辖市及济源示范区生态环境状况指数（EI）值的变化情况，并依据生态环境状况变化幅度分类标准划分等级。全省EI值从2019年的62.6变化为2020年的62.8，上升了0.2，属无明显变化。2个城市略微变好，13个城市无明显变化，2个城市略微变差，1个城市明显变差。鹤壁市下降最多，下降4.1；商丘市上升最多，为2.1，见图2-118。

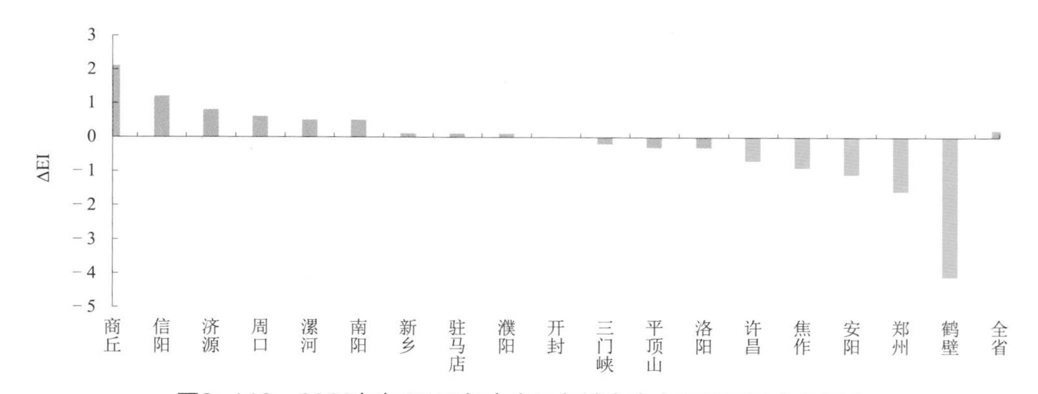

图2-118 2020年与2019年全省及各城市生态环境质量变化幅度

2.7.3 小结与原因分析

2.7.3.1 小结

2020年，全省生态环境质量稳中向好，生态环境状况指数略高于2019年，整体基本保持稳定。

2020年，全省生态环境质量指数（EI）值为62.8，生态环境质量等级为良。17个省辖市及济源示范区生态环境质量指数（EI）值分布在53.8～75.7，其中三门峡市生态环境质量等级为优，洛阳、信阳、济源、南阳、平顶山、驻马店、焦作、安阳、新乡、商丘、周口、漯河、郑州13个城市生态环境质量等级为良，许昌、鹤壁、开封和濮阳4个城市等级均为一般。生态环境质量等级优、良和一般的城市面积分别占全省面积的6.0%、83.4%、10.6%。

17个省辖市及济源示范区辖区、105个县（市）共123个评价单元中，生态环境质量等级为优、良、一般的数量分别为8个、82个、33个，面积分别占全省面积13.0%、70.5%、16.5%。

与2019年相比，全省EI值从2019年的62.6变化为2020年的62.8，上升了0.2，属无明显变化。2个城市略微变好，13个城市无明显变化，2个城市略微变差，1个城市明显变差，鹤壁市下降最多，下降4.1，商丘市上升最多，为2.1。

2.7.3.2 原因分析

全省生态系统类型以耕地、林地、建设用地为主。其中耕地面积最大，其次为林地和建设用地，三者面积占全省土地总面积的94.2%，草地、水域湿地和未利用地约占5.8%。与2020年相比，林地、耕地、未利用地面积占比略有下降，建设用地、水域湿地、林地占比有所提高，草地面积占比由0.3%提高至1.3%。通过遥感监测分析，2020年河南省植被覆盖情况较上年有所下降；受城市和农村发展影响，2020年土地胁迫指数较上年略有升高；2020年河南省降水量较上年增幅较大，属偏丰年份，偏多区域主要分布于河南省东部、南部及西南部，受此影响全年水资源量比上年增加141.9%，导致水网密度指数提升17.6%。

通过比较分析，省生态环境质量稳中向好原因主要有如下三点：

（1）高覆盖度草地面积大幅增加。从草地覆盖度指标看，河南西部伏牛山区、南部大别山区及中东部主要作物种植区植被覆盖度较高。近年来全省持续开展国土绿化，推进森林城市建设，强化乡村绿化美化，实施重大生态修复工程，积极推进山水林田湖草沙一体化保护治理，草地等基础性自然资源得到有效恢复。

（2）降水量和水资源量大幅增加。受益于南水北调中线工程实施生态补水，沿线受水区水资源得到有效补充，恢复了河道基流，受水区地下水超采局面得到遏制，部分地区地下水水位回升明显。同时，全球变暖加剧导致气候系统不稳定，全省发生极端天气气候事件增加，导致降水量增加。

（3）生态环境承载力面临巨大压力。随着工业化和城市化进程的推进，日益增长并快速工业化的生活和生产过程正在消耗着各种各样的能源，产生了大量的废水、废气、固体废弃物等污染物，污染物也通过各种方式影响着生态系统，破坏或降低了生态系统的恢复力和生产力。从全省范围看，全省环境污染状况整体上呈现出中部、北部、南部较差，西部较好的空间分布格局。虽然污染负荷指数在逐步改善，但改善幅度有所减弱，生态环境保护面临的形势依然严峻，污染物排放量基数较大，资源环境约束趋紧，生态系统总体退化的趋势还没有得到根本改变，区域生态环境容量局限性日益凸显。

2.8 农村环境质量

依据2022年1月中国环境监测总站发布的《农村环境质量综合评价技术规定》（修订征求意见稿）进行评价，对2021年新增的评价指标不进行年度对比分析。

2.8.1 现状评价

2.8.1.1 农村环境质量

1. 农村环境空气质量

2021年，全省152个监控村庄全部开展了村庄环境空气质量监测，其中36个村庄利用空气自动站开展连续监测，其他116个村庄采用手工监测方式开展工作，空气质量监测天数累计15 014点位·d（以每点位每天一组数据计）。全省农村村庄环境空气质量指数（AQI）显示，优良天数为11 137点位·d，优良天数比例为74.2%，全年监测点位评级为优、良、轻度污染、中度污染、重度污染和严重污染所占比例分别为18.1%、56.1%、17.3%、5.4%、2.2%和0.9%。主要超标污染物为$PM_{2.5}$、PM_{10}和O_3。从各监测指标来看，$PM_{2.5}$达标比例为85.5%、最大超标倍数为6.0；PM_{10}达标比例为88.4%，最大超标倍数为6.7；O_3达标比例为90.9%，最大超标倍数为3.58。

2. 农村饮用水水源地水质

1）“万人千吨”地表水型饮用水水源地水质

2021年，农村“万人千吨”地表水型饮用水水源地水质监测涉及郑州、平顶山、三门峡、南阳、信阳和济源6个城市的80个点位，全年水质达标率（4个季度均达到或优于

Ⅲ类水质占比）为93.8%，主要超标污染物为锰、铁、总磷（湖库）。其中，锰超标比例为6.3%，最大超标倍数4.3；铁超标比例为3.8%，最大超标倍数1.83；总磷（湖库）超标比例为1.3%，最大超标倍数0.2。

2）“万人千吨”地下水型饮用水水源地水质

2021年，农村“万人千吨”地下水型饮用水水源地水质监测覆盖了17个省辖市及济源示范区的1 307个地下水型饮用水水源地，水质达标率（4个季度均达到或优于Ⅲ类水质占比）为64.0%，主要超标污染物为氟化物、钠、溶解性总固体。其中，氟化物超标比例为16.2%，最大超标倍数2.2；钠超标比例为9.0%，最大超标倍数2.1；溶解性总固体超标比例为5.0%，最大超标倍数3.0。

3. 农村地表水水质

2021年全省农村村庄所在县域地表水共256个监测点位（包含40个湖库点位和216个出入境断面），每季度1次，共监测4次，水质类别为Ⅰ类、Ⅱ类、Ⅲ类、Ⅳ类、Ⅴ类、劣Ⅴ类所占比例分别为1.1%、18.8%、44.6%、24.0%、6.6%、4.8%，水质达标率为64.5%；主要超标污染物为化学需氧量、五日生化需氧量和总磷。

4. 农村土壤环境质量

2021年全省共监测村庄周边土壤139个点位，134个点位各项污染因子浓度均小于《土壤环境质量 农用地土壤污染风险管控标准（试行）》（GB 15618—2018）风险筛选值，所占比例为96.4%；5个点位有个别污染因子大于风险筛选值，但小于风险管制值，所占比例为3.6%，浓度较高因子为镉。未见土壤污染物超出风险管制值。

5. 农田灌溉水质

2021年全省共监测了14个城市的65个灌溉规模10万亩及以上农田灌区取水口水质，全年农田灌溉水水质达标率为86.2%，主要超标污染物为悬浮物和全盐量，悬浮物最大超标倍数7，全盐量最大超标倍数0.96。水质不达标的9个灌区的作物类型均为旱作，灌溉水类型均为江河。

6. 农村生活污水处理设施

2021年全省共监测1 720个农村生活污水处理设施出口水质，农村生活污水处理设施正常运行率为54.8%，所有农村生活污水处理设施出水水质均为三级标准或优于三级标准。

2.8.2 农村环境状况

2021年，全省县域环境状况指数（I_{env}）平均值为69.2。按照县域统计，全省参与村庄监测的147个县域中，54个县域农村环境状况分级为优及良，占比36.7%；71个县域农村环境状况分级为一般，占比48.3%；21个县域农村环境状况分级较差及差，占比14.3%，1个无分级县域，见表2-44。

表2-44 县域农村环境状况统计

序号	县域数量/个	环境状况指数范围	农村状况分级
1	6	25.2 ~ 36.9	差
2	15	42.5 ~ 54.7	较差
3	71	55.5 ~ 74.9	一般
4	49	75.1 ~ 89.2	良
5	5	90.6 ~ 100	优

2.8.3 农业面源污染状况

2021年，对全省121个县域开展了农业面源污染状况监测，计算县域内梅罗综合指数值得出，14个县域农业面源污染状况分级为轻度污染，占比11.6%；33个县域为污染，占比27.3%；51个县域为重污染，占比42.1%；23个县域为严重污染，占比19.0%，无分级清洁的县域。

2.8.4 年度对比

2.8.4.1 农村环境状况对比

1. 农村环境空气质量

全省农村环境空气监测点位由2020年的78个增加至2021年的152个，有效监测天数由1 412 d增加到15 014 d，其中自动监测数据贡献占比大幅增加，监测数据覆盖年度天数更为客观。

全省农村村庄环境空气质量优良天数比例由2020年的95.7%下降至74.2%，与2020年相比，下降了21.5个百分点，与2021年农村环境空气监测点位及有效监测天数大幅度增加有关。主要超标污染物由$PM_{2.5}$、PM_{10}和NO_2变为PM_{10}、O_3和$PM_{2.5}$，可见农村以$PM_{2.5}$和O_3为特征的复合型大气污染日益凸显。

2. 农村饮用水水源地水质

全省农村村庄周边饮用水水源地监测点位从2020年的406个增加至1 387个，涵盖了更多的农村村庄周边饮用水水源地。

农村“万人千吨”饮用水水源地水质的总达标率从2020年的60.8%上升至2021年的65.8%，其中地表水型饮用水水源地水质由59.4%提高至93.8%，地下水型饮用水水源地水质从60.9%上升至64.0%，地表水型饮用水水源地水质改善显著。

2021年，5个地表水型饮用水水源地监测点位出现了锰超标，但超标率较低，铁和总磷（湖库）仍是地表水型饮用水水源地的主要超标污染物；氟化物、钠、溶解性总固体仍是地下水型饮用水水源地的主要超标污染物。

3. 农村地表水水质

全省农村地表水监测断面由2020年的108个提高至2021年的256个，监测数据更为客观。

与2020年相比，农村地表水水质达标率由2020年的46.6%上升至64.5%，上升了17.9个百分点，2021年全省农村地表水水质呈改善趋势，见图2-119。主要超标污染物由氨氮、总氮、总磷、高锰酸盐指数变为化学需氧量、五日生化需氧量和总磷。

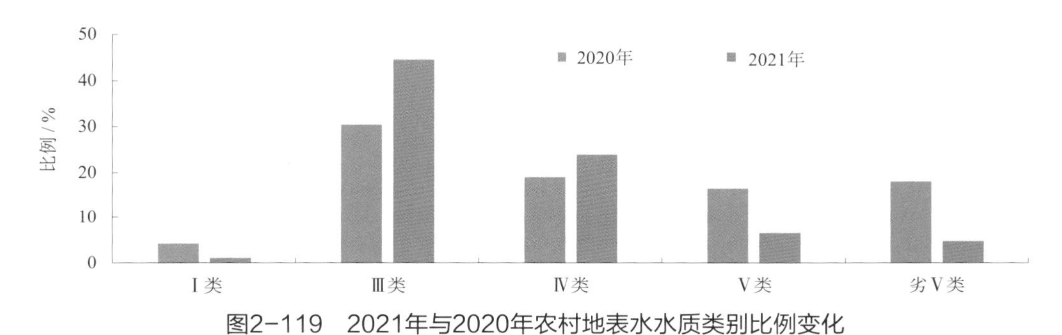

图2-119　2021年与2020年农村地表水水质类别比例变化

4. 农村土壤环境质量

全省监测村庄周边土壤点位由2020年的186个变为2021年的139个，监测点位数量有所下降。

与2020年相比，全省监测村庄周边土壤点位中各项污染因子浓度均小于风险筛选值所占比例下降了0.9个百分比，总体保持平稳，浓度较高因子由砷和镉变为镉。

2.8.4.2　农村环境状况对比

全省各县域环境状况指数（I_{env}）平均值由2020年的82.0下降至2021年的69.2，与2020年相比下降了12.8。

2.8.5　小结与原因分析

2.8.5.1　农村环境质量总体保持平稳

（1）与2020年相比，全省农村环境空气质量优良天数比例由95.7%下降至74.2%，下降了21.5个百分点。农村环境空气的主要超标污染物为PM_{10}、O_3和$PM_{2.5}$。农村环境空气质量优良天数有所下降，与2021年农村环境空气监测点位及有效监测天数大幅度增加有关。同时，全省农村以$PM_{2.5}$和O_3为特征的复合型大气污染日益凸显。

（2）与2020年相比，全省农村地表水水质达标率由46.6%上升至64.5%，上升了17.9个百分点，农村地表水水质呈改善趋势。主要超标污染物为化学需氧量、五日生化需氧量和总磷。2021年受气候因素影响降水较为丰沛，地表水补给及时，农村地表水型饮用水水源地水质及监控村庄所在县域地表水水质普遍较好。同时，地下水型饮用水水源地水质总体保持稳定，受地表水补给量影响水质略有上升。

（3）农村土壤环境质量总体保持平稳。

（4）2021年全省农田灌溉水水质达标率为86.2%，主要超标污染物为悬浮物和全盐量；农村生活污水处理设施正常运行率为54.8%，所有农村生活污水处理设施出水水质均为三级标准或优于三级标准。

2.8.5.2 农村环境状况有待改善

与2020年相比，全省县域环境状况指数平均值由82.0下降至69.2。一方面，与2021年农村环境空气环境质量监测覆盖面大幅增加引起优良天数比例下降有关；另一方面，农村生态环境状况有待进一步改善。

2.8.5.3 农业面源污染防治有待加强

2021年，对全省121个县域开展了农业面源污染状况监测，农业面源污染状况为轻度污染的县域占比11.6%，分级为污染的县域占比27.3%，分级为重污染的县域占比42.1%，分级为严重污染的县域占比19.0%，无分级为清洁的县域。防治农业面源污染任务紧迫，农村生态环境保护力度有待进一步加强。

2.9 辐射环境质量

2.9.1 电离辐射

2.9.1.1 环境γ辐射水平

1. γ辐射空气吸收剂量率

全省自动站空气吸收剂量率处于当地天然本底涨落范围内，24个监测点的年均值范围为67.0 ~ 120.3 nGy/h，见表2–45。

表2-45 2021年全省自动站γ辐射空气吸收剂量率监测结果

序号	城市名称	监测点位	空气吸收剂量率/（nGy/h）	
			小时均值范围	年均值
1	郑州	郑州大王庄	69.3 ~ 129.0	74.7
2		河南省广播电视发射中心	86.5 ~ 93.2	89.2
3		郑州环保局监测站	58.8 ~ 92.0	94.4
4		郑州五龙口污水处理厂	50.8 ~ 172.2	84.1
5	开封	开封坤源公司	53.6 ~ 128.2	115.0
6	洛阳	洛阳中州东路站	60.9 ~ 120.2	67.0
7		洛阳大洋耐火材料有限公司	82.9 ~ 157.0	105.7
8	平顶山	平顶山浦城店遗址	55.6 ~ 154.0	119.2
9	安阳	安阳环保局监测站	59.9 ~ 150.9	96.8
10	鹤壁	鹤壁环保局	77.4 ~ 184.7	100.0
11	新乡	新乡市政府大楼	60.9 ~ 170.2	97.7
12	焦作	焦作中铝公司赤泥坝	63.2 ~ 163.5	86.1
13	濮阳	濮阳濮上园	59.5 ~ 145.8	101.1
14	许昌	许昌瑞贝卡污水净化公司	52.2 ~ 197.7	104.2
15	漯河	漯河龙江路站	67.7 ~ 133.8	75.9
16		漯河黑龙潭电管所	50.1 ~ 218.0	120.3
17	三门峡	三门峡陕州风景区	62.8 ~ 108.4	92.6
18	商丘	商丘污水处理厂	63.8 ~ 154.7	86.0
19	周口	周口太昊陵独秀园	51.3 ~ 142.4	91.2
20	驻马店	驻马店新世纪广场	53.0 ~ 165.4	106.3
21	南阳	南阳老庄气象站	50.7 ~ 153.2	86.0
22	信阳	信阳师范学院	91.7 ~ 209.7	108.3
23	济源	济源柴庄	52.0 ~ 145.7	94.7
24		济源五龙口监察支队	70.0 ~ 159.2	108.4

注：自动站γ辐射空气吸收剂量率监测结果不扣除仪器对宇宙射线的响应值。

与2020年相比，全省自动站γ辐射空气吸收剂量率未见明显变化，均处于当地天然本底涨落范围内，见图2-120。

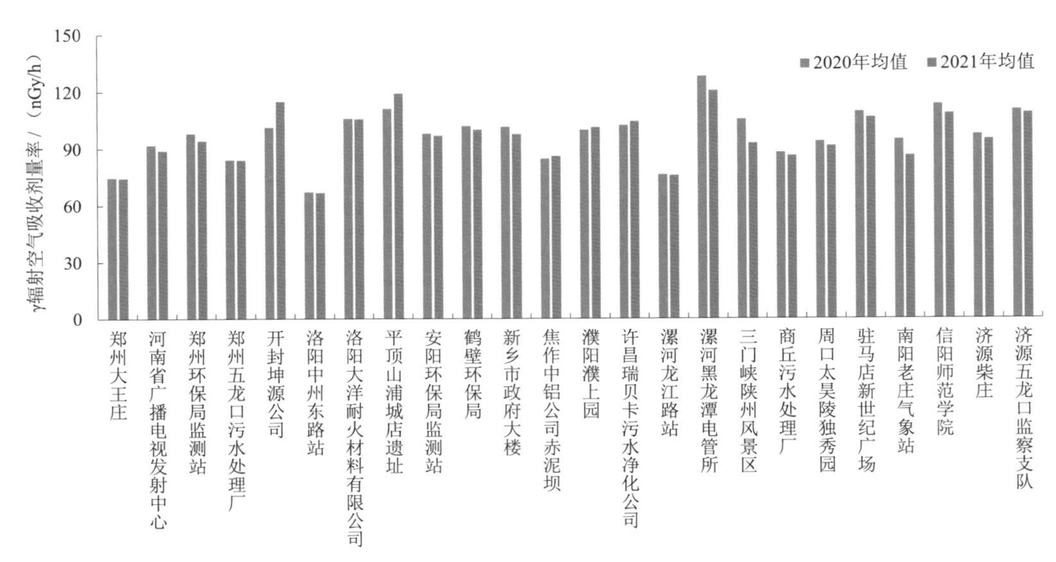

图2-120 2021年与2020年全省自动站γ辐射空气吸收剂量率变化

2. γ辐射累积剂量

全省γ辐射累积剂量测得的空气吸收剂量率处于当地天然涨落范围内，10个监测点的年均值范围为88.0～118.0 nGy/h，见表2-46。

表2-46 2021年全省γ辐射累积剂量监测结果

序号	城市名称	监测点位	空气吸收剂量率/（nGy/h）	
			范围	年均值
1	郑州	郑州市五龙口污水处理厂	88.0～115.0	97.0
2	开封	开封市坤源空分厂	90.0～110.0	96.0
3	洛阳	洛阳航空城高尔夫球场	89.0～108.0	96.0
4	平顶山	平顶山浦城店遗址	90.0～91.0	91.0
5	安阳	安阳市环保局监测站	89.0～105.0	96.0
6	鹤壁	鹤壁市环保局	88.0～108.0	96.0
7	焦作	焦作市环保局	91.0～115.0	99.0
8	漯河	漯河市黑龙潭电管所	92.0～118.0	101.0
9	南阳	南阳市老庄气象站	90.0～115.0	97.0
10	济源	济源市五龙口监察支队	89.0～110.0	97.0

与2020年相比，全省10个监测点位累积剂量测得的γ辐射空气吸收剂量率未见明显变化，均处于当地天然本底涨落范围内，见图2-121。

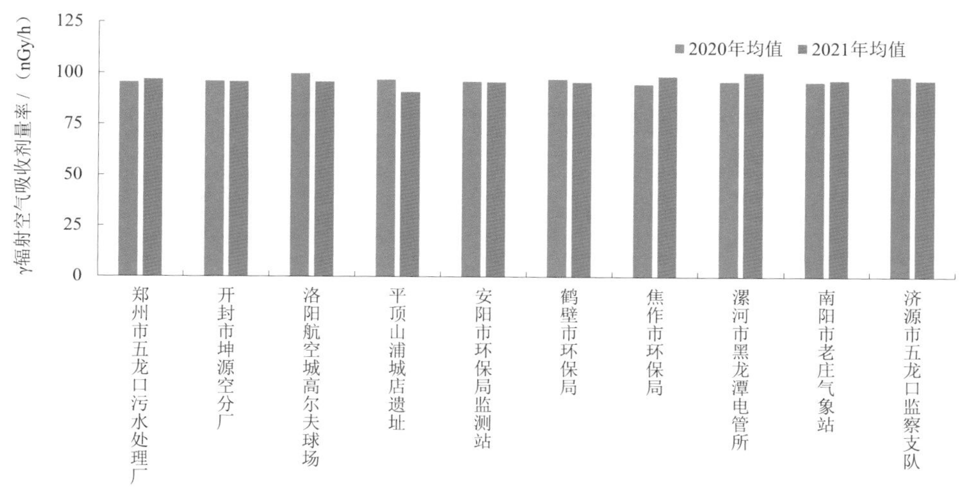

图2-121 2021年与2020年全省累积剂量γ辐射空气吸收剂量率变化

2.9.1.2 空气

1. 气溶胶

全省气溶胶中天然放射性核素铍-7、钾-40、铋-214、镭-228、钍-234、铅-210和钋-210活度浓度处于本底涨落范围内，人工放射性核素碘-131、铯-134、锶-90和铯-137活度浓度未见异常，见表2-47。

表2-47 2021年全省气溶胶监测结果

城市名称	^{7}Be/（mBq/m^3）		^{40}K/（μBq/m^3）		^{131}I/（μBq/m^3）		^{134}Cs/（μBq/m^3）		^{137}Cs/（μBq/m^3）		^{214}Bi/（μBq/m^3）	
	范围	年均值	范围	年均值	范围	年均值	范围	年均值	范围	年均值	范围	年均值
郑州	2.7～9.3	6.2	19.0～149.0	75.0	<MDC（0.79～3.6）	<MDC	<MDC（0.78～4.0）	<MDC	<MDC（0.82～3.1）	<MDC	15.0～39.0	29.0
洛阳	5.4～6.5	5.9	89.0～104.0	97.0	<MDC（1.3～2.6）	<MDC	<MDC（1.4～2.6）	<MDC	<MDC（1.3～3.0）	<MDC	22.0～33.0	27.0
漯河	4.7～9.9	6.2	55.0～105.0	81.0	<MDC（1.0～7.6）	<MDC	<MDC（0.9～1.7）	<MDC	<MDC（1.0～1.8）	<MDC	21.0～50.0	31.0

城市名称	^{228}Ra/（μBq/m^3）		^{234}Th/（μBq/m^3）		^{90}Sr/（μBq/m^3）		^{137}Cs放化/（μBq/m^3）		^{210}Pb/（mBq/m^3）		^{210}Po/（mBq/m^3）	
	范围	年均值	范围	年均值	范围	年均值	范围	年均值	范围	年均值	范围	年均值
郑州	4.7～12.0	8.2	<MDC（12～76）	<MDC	0.58	0.58	0.50	0.50	0.83～3.50	1.50	0.16～0.55	0.28
洛阳	14.0～14.0	14.0	<MDC（13～91）	<MDC	0.28	0.28	0.38	0.38	—	—	—	—
漯河	6.6～13.0	10.9	<MDC（13～98）	<MDC	0.59	0.59	0.42	0.42	—	—	—	—

注：MDC为样品中核素活度浓度的探测下限，下同。

与2020年相比，气溶胶中天然和人工放射性核素活度浓度未见明显变化，其中天然放射性核素和人工放射性核素锶-90、铯-137活度浓度均处于本底涨落范围内，其他人工放射性核素活度浓度未见异常，见图2-122。

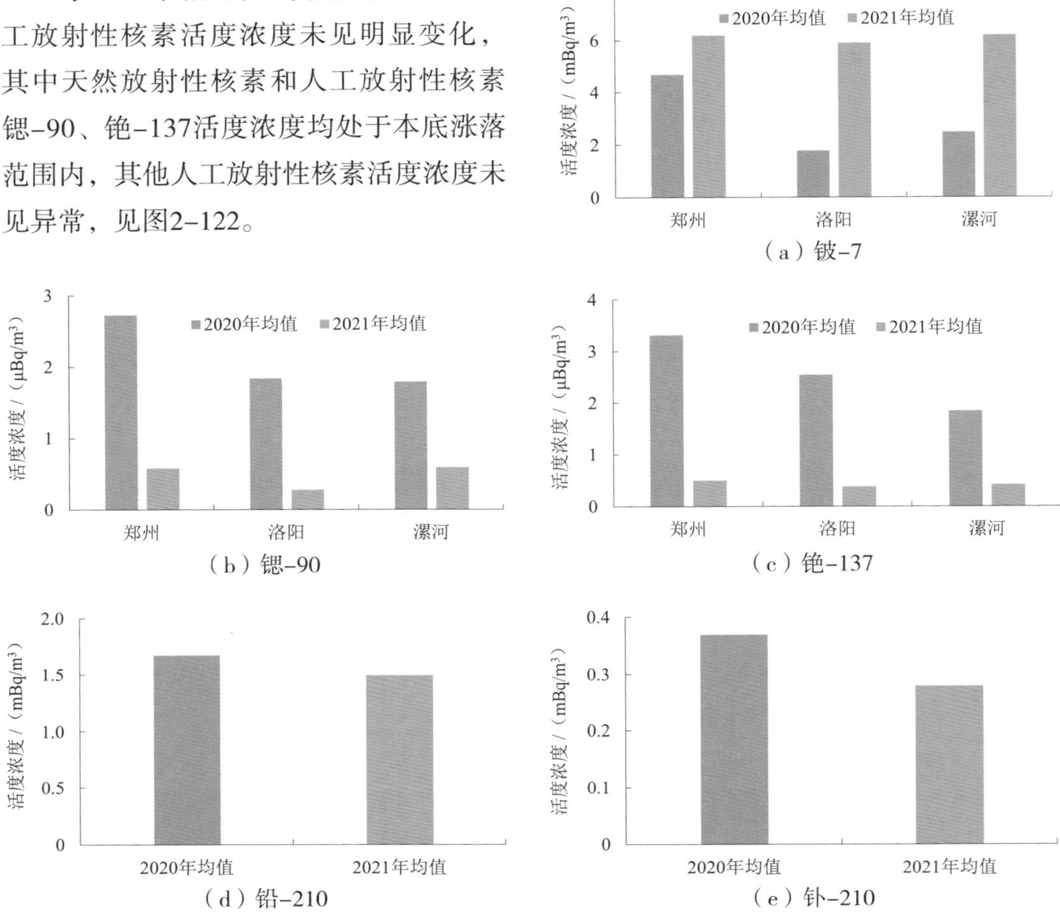

图2-122 2021年与2020年气溶胶中核素活度浓度变化

2. 气碘

空气中气态放射性核素碘-131活度浓度未见异常，见表2-48。

表2-48 2021年气碘监测结果

监测点位	^{131}I/（mBq/m³）	
	活度浓度范围	MDC范围
郑州大王庄	＜MDC	0.30～0.50

与2020年相比，监测点位空气中气态放射性核素碘-131活度浓度未见明显变化，均未见异常。

3. 空气中氡

空气中室外氡活度浓度未见异常，见表2-49。

表2-49　2021年全省空气中室外氡监测结果

监测点位	室外氡/（mBq/m³）	
	活度浓度范围	年均值
郑州大王庄	13～18	15

与2020年相比，监测点位空气中室外氡活度浓度未见明显变化，均未见异常，见图2-123。

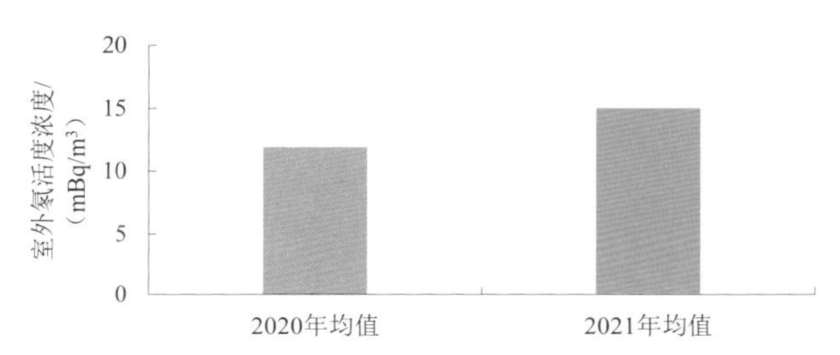

图2-123　2021年与2020年空气中室外氡活度浓度变化

4. 沉降物

沉降物中天然放射性核素铍-7、钾-40、铋-214、镭-228、钍-234日沉降量处于本底涨落范围内，人工放射性核素碘-131、铯-134、锶-90和铯-137日沉降量未见异常，见表2-50。

表2-50　2021年沉降物日沉降量监测结果

监测点位	^{7}Be/[Bq/(m²·d)]		^{40}K/[mBq/(m²·d)]		^{131}I/[mBq/(m²·d)]		^{134}Cs/[mBq/(m²·d)]		^{137}Cs/[mBq/(m²·d)]	
	范围	年均值	范围	年均值	范围	年均值	范围	年均值	范围	年均值
省辐射中心5楼顶	0.46～4.0	1.7	103～259	170	<MDC（0.49～0.69）	<MDC	<MDC（0.47～0.75）	<MDC	<MDC（0.56～0.79）	<MDC

监测点位	^{214}Bi/[mBq/(m²·d)]		^{228}Ra/[mBq/(m²·d)]		^{234}Th/[μBq/(m²·d)]		^{90}Sr/[mBq/(m²·d)]		^{137}Cs放化/[mBq/(m²·d)]	
	范围	年均值	范围	年均值	范围	年均值	范围	年均值	范围	年均值
省辐射中心5楼顶	5.9～16.0	10.0	7.0～17.0	11.0	<MDC（6.3～56）	<MDC	0.21～3.46	1.19	1.36～1.90	1.59

与2020年相比，沉降物中天然放射性核素和人工放射性核素未见明显变化，其中天然放射性核素和人工放射性核素锶-90、铯-137日沉降量均处于本底涨落范围内，其他人工放射性核素日沉降量未见异常，见图2-124。

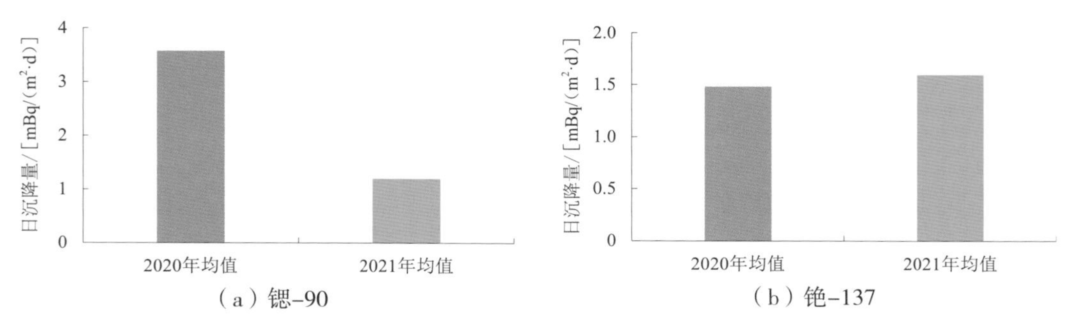

图2-124 2021年与2020年沉降物中锶-90、铯-137日沉降量变化

5. 降水

降水中氚活度浓度未见异常，见表2-51。

表2-51 2021年降水中氚监测结果

监测点位	^3H/（Bq/L）	
	活度浓度范围	年均值
郑州大王庄	1.1 ~ 1.3	1.2

与2020年相比，降水氚活度浓度未见明显变化，均处于本底涨落范围内，见图2-125。

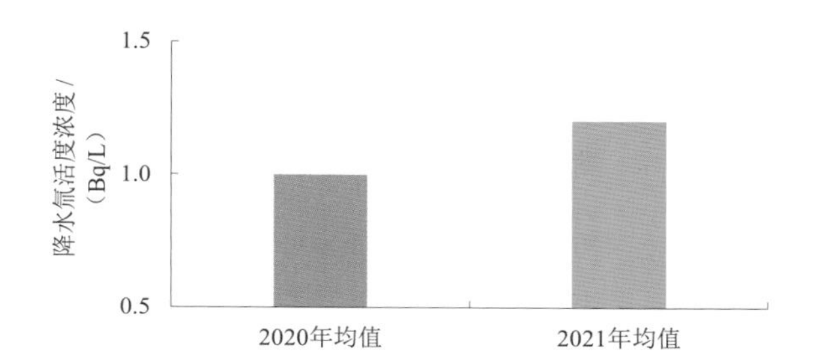

图2-125 2021年与2020年降水氚活度浓度变化

6. 空气（水蒸气）

水蒸气中氚活度浓度未见异常，见表2-52。与2020年相比，空气（水蒸气）中氚活度浓度无明显变化，均处于本底涨落范围内。

表2-52　2021年水蒸气中氚监测结果

监测点位	^{3}H/（mBq/m³）	
	年均值	MDC
郑州大王庄	<MDC	16

2.9.1.3　水体

1. 地表水

省辖黄河、淮河、海河流域水中总α和总β浓度，天然放射性核素铀和钍浓度、镭-226活度浓度，以及人工放射性核素锶-90、铯-137活度浓度处于本底涨落范围内，其中天然放射性核素铀和钍浓度、镭-226活度浓度与1983—1990年河南省环境天然放射性水平调查研究结果处于同一水平，见表2-53。

表2-53　2021年地表水监测结果

监测点位	总α/（Bq/L）		总β/（Bq/L）		^{137}Cs放化/（mBq/L）		^{90}Sr/（mBq/L）		^{226}Ra放化/（mBq/L）		Th/（μg/L）		U/（μg/L）	
	范围	年均值	范围	年均值	范围	年均值	范围	年均值	范围	年均值	范围	年均值	范围	年均值
黄河（郑州花园口）	0.12~0.14	0.13	0.18~0.19	0.18	0.90~0.94	0.92	3.0~3.9	3.4	7.6~7.8	7.1	0.058~0.076	0.067	3.0~3.4	3.2
淮河（周口沈丘槐店镇水闸）	0.080~0.088	0.084	0.26~0.31	0.28	1.0~1.2	1.1	2.0~2.2	2.1	4.4~4.6	4.5	0.052~0.064	0.058	0.95~2.2	1.6
海河（卫辉市小河口）	0.097~0.16	0.13	0.40~0.57	0.49	1.1~1.8	1.5	2.0~2.5	2.2	4.6~5.9	5.3	0.070~0.083	0.077	1.3~1.6	1.4

与2020年相比，省辖黄河、淮河、海河流域水中总α和总β活度浓度，天然放射性核素铀和钍浓度，镭-226活度浓度以及人工放射性 核素锶-90、铯-137活度浓度均处于本底涨落范围内，其中天然放射性核素活度浓度与1983—1990年河南省环境天然放射性水平调查研究结果处于同一水平，见图2-126。

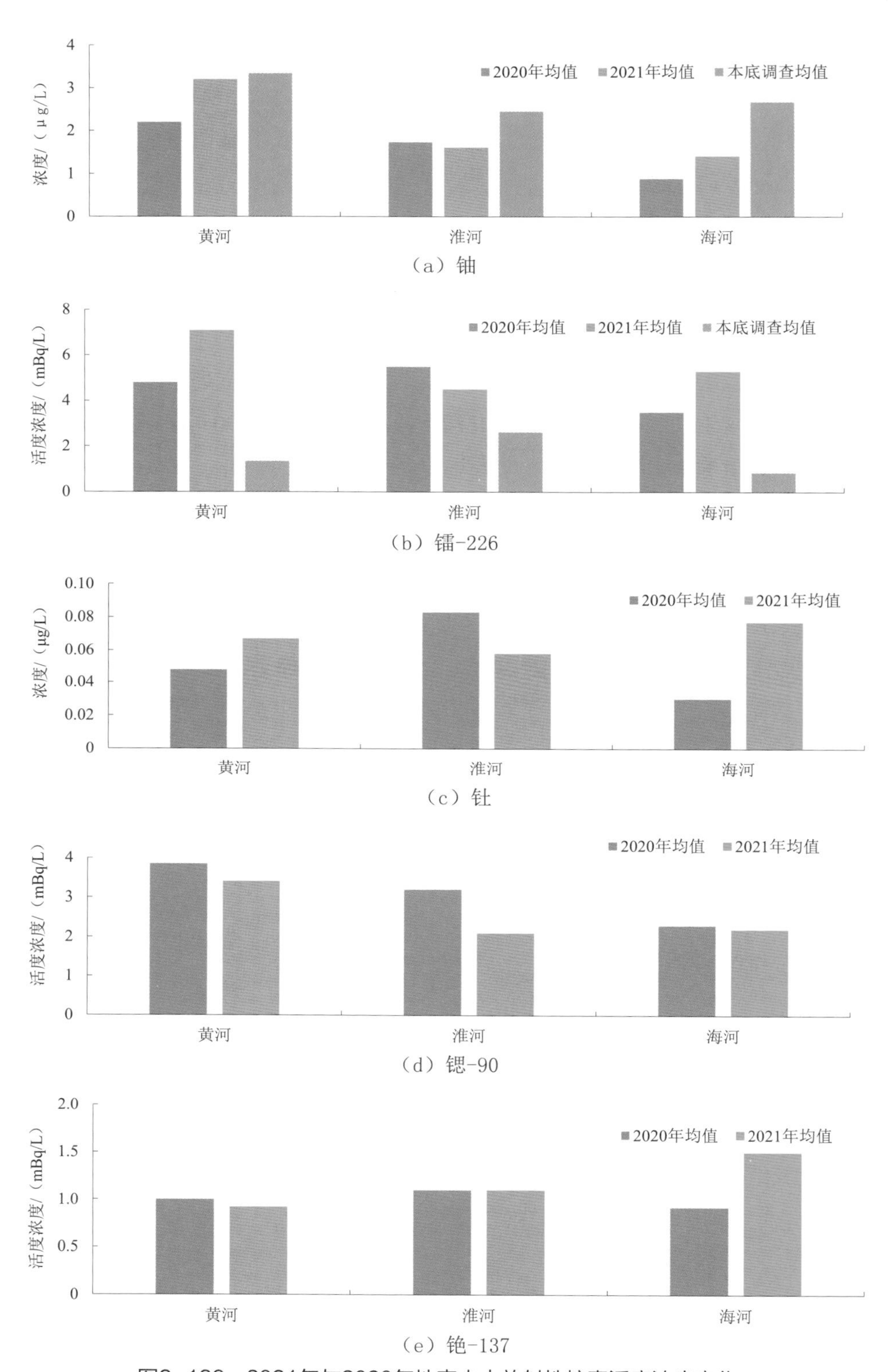

图2-126 2021年与2020年地表水中放射性核素活度浓度变化

2. 集中式饮用水水源地水

各城市集中式饮用水水源地水中总α和总β活度浓度处于本底涨落范围内，且均低于《生活饮用水卫生标准》（GB 5749—2006）规定的放射性指标指导值（总α指导值0.5 Bq/L，总β指导值1 Bq/L），见表2–54。其中，省会城市郑州集中式饮用水水源地水中天然放射性核素铀和钍浓度、镭–226活度浓度，人工放射性核素锶–90、铯–137活度浓度处于本底涨落范围内，见表2–55。

表2–54　2021年各城市集中式饮用水水源地水监测结果

序号	城市名称	监测点位	总α/（Bq/L）	总β/（Bq/L）
1	郑州	郑州柿园水厂	0.024	0.074
2	开封	开封市黄河黑岗口水库	0.12	0.19
3	洛阳	洛阳市瀍东水厂	0.13	0.18
4	平顶山	平顶山市白龟湖水库	0.069	0.13
5	安阳	安阳市岳城水库	0.12	0.20
6	鹤壁	鹤壁市盘石头水库	0.056	0.074
7	新乡	新乡市贾太湖水厂	0.15	0.25
8	焦作	焦作市六水厂	0.20	0.11
9	濮阳	濮阳市西水坡水库	0.20	0.23
10	许昌	许昌市周庄水厂	0.02	0.08
11	漯河	漯河市澧河三里桥	0.028	0.14
12	三门峡	三门峡市朱乙河水库	0.030	0.049
13	商丘	商丘市郑阁水库	0.11	0.26
14	周口	周口市沙颍河	0.059	0.17
15	驻马店	驻马店市板桥水库	0.026	0.10
16	南阳	南阳市白河	0.058	0.090
17	信阳	信阳市南湾水库	0.013	0.06
18	济源	济源市柴庄水厂	0.09	0.05

表2–55　2021年集中式饮用水水源地监测结果

监测点位	^{137}Cs放化/（mBq/L）	^{90}Sr/（mBq/L）	^{226}Ra放化/（mBq/L）	Th/（μg/L）	U/（μg/L）
郑州柿园水厂	1.0	2.5	4.6	0.06	0.68

与2020年相比，集中式饮用水水源地水中总α和总β活度浓度，省会城市郑州集中式饮用水水源地水中天然放射性核素铀和钍浓度、镭–226活度浓度，人工放射性核素锶–90、铯–137活度浓度未见明显变化，均处于本底涨落范围内。其中，总α和总β活

度浓度低于《生活饮用水卫生标准》（GB 5749—2006）规定的放射性指标指导值（总α指导值0.5 Bq/L，总β指导值1 Bq/L），见图2-127。

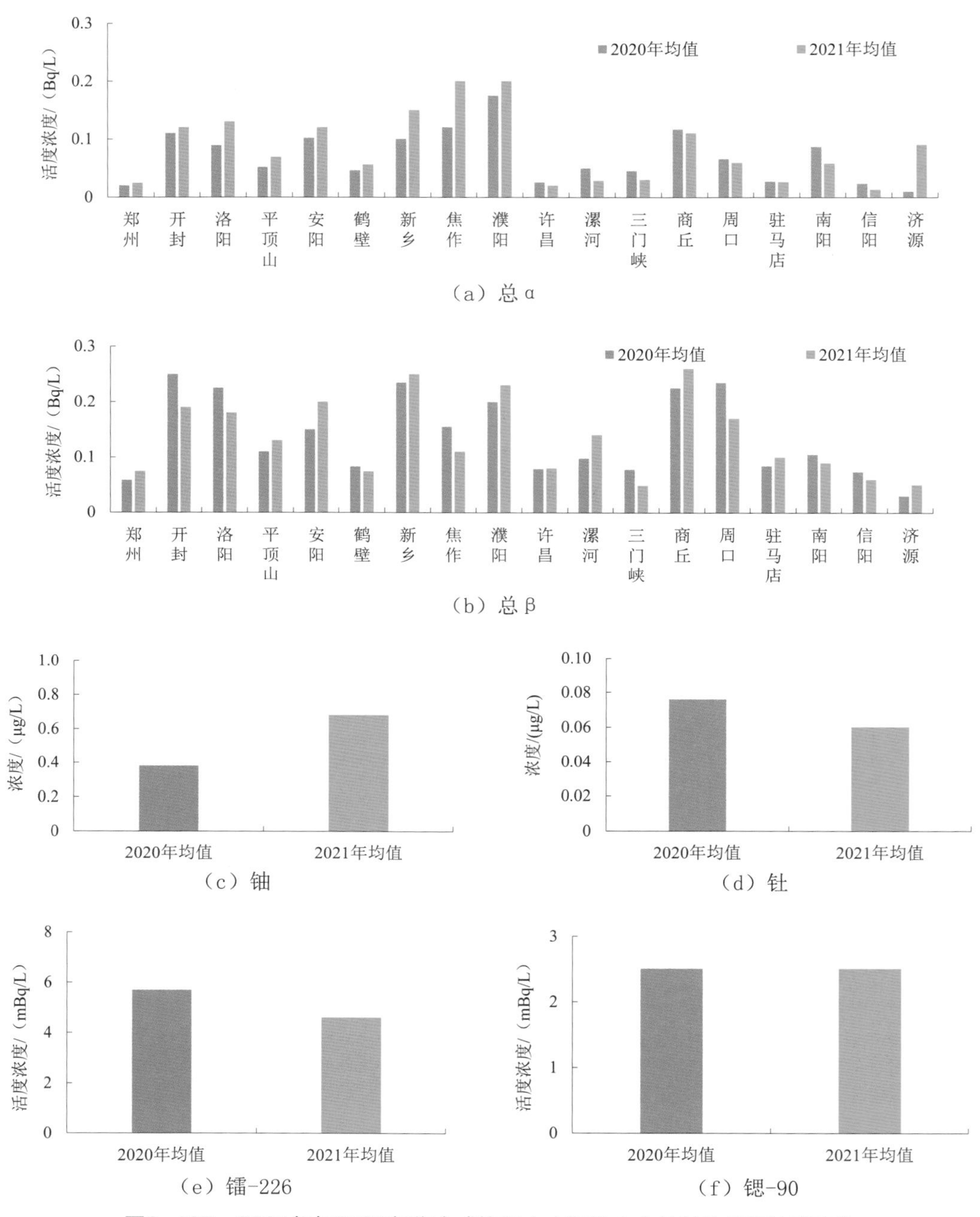

图2-127 2021年与2020年集中式饮用水水源地水中放射性核素浓度变化

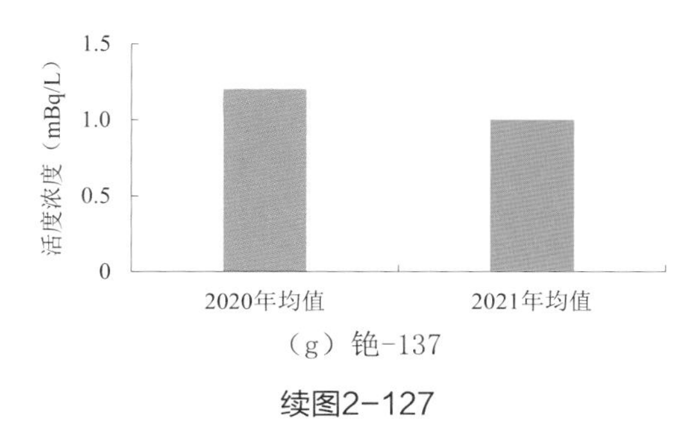

（g）铯-137

续图2-127

3. 地下水

地下水中总α和总β浓度，天然放射性核素铀和钍浓度、镭-226活度浓度处于本底涨落范围内，见表2-56。

表2-56　2021年地下水监测结果

监测点位	总α/（Bq/L）	总β/（Bq/L）	^{226}Ra放化/（mBq/L）	Th/（μg/L）	U/（μg/L）
郑州莆田地下水	0.058	0.081	2.5	0.052	0.8

与2020年相比，地下水中总α和总β浓度，天然放射性核素铀和钍浓度、镭-226活度浓度无明显变化，均处于本底涨落范围内，见图2-128。

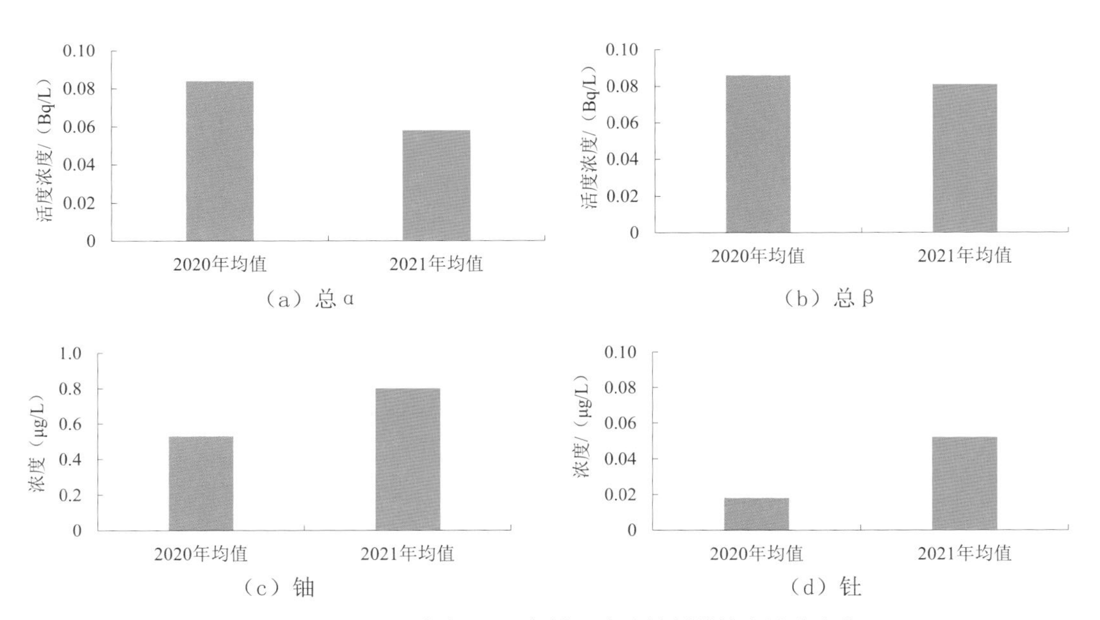

图2-128　2021年与2020年地下水中放射性核素浓度变化

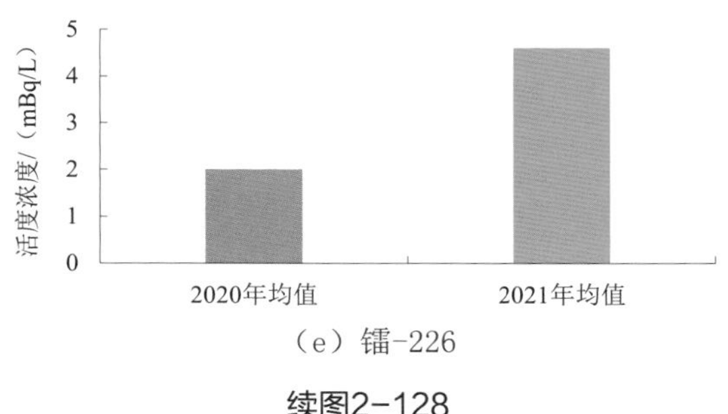

（e）镭-226

续图2-128

2.9.1.4 土壤

土壤中天然放射性核素钾-40、镭-226、铀-238和钍-232活度浓度处于本底涨落范围内，且与1983—1990年河南省环境天然放射性水平调查结果处于同一水平；人工放射性核素铯-137活度浓度未见异常，见表2-57。

表2-57 2021年各城市土壤监测结果

序号	城市名称	监测点位	放射性核素活度浓度/（Bq/kg）				
			^{40}K	^{137}Cs	^{226}Ra	^{232}Th	^{238}U
1	郑州	登封嵩山	565	3.9	37	58	39
2	开封	开封市黄河黑岗口水库	534	0.47	26	35	38
3	洛阳	洛阳市瀍东水厂	542	0.57	32	45	32
4	平顶山	平顶山市白龟湖水库	604	<MDC（0.58）	36	58	47
5	安阳	安阳市岳城水库	518	<MDC（0.39）	28	40	34
6	鹤壁	鹤壁市盘石头水库	604	<MDC（0.24）	32	50	26
7	新乡	新乡市贾太湖水厂	549	<MDC（0.45）	29	38	16
8	焦作	焦作市六水厂	528	<MDC（0.61）	38	54	50
9	濮阳	濮阳市西水坡水库	576	<MDC（0.38）	30	41	41
10	许昌	许昌市周庄水厂	526	1.2	31	45	55
11	漯河	漯河市澧河三里桥	560	0.75	31	49	41
12	三门峡	三门峡市朱乙河水库	553	<MDC（0.23）	36	45	28
13	商丘	商丘市郑阁水库	550	0.38	26	37	34

续表2-57

序号	城市名称	监测点位	放射性核素活度浓度/（Bq/kg）				
			^{40}K	^{137}Cs	^{226}Ra	^{232}Th	^{238}U
14	周口	周口市沙颍河	617	1.2	35	60	29
15	驻马店	驻马店市板桥水库	—	0.82	31	67	27
16	南阳	南阳市白河	586	0.70	36	62	27
17	信阳	信阳市南湾水库	600	4.3	37	69	56
18	济源	济源市柴庄水厂	651	<MDC（0.26）	41	57	28

注：据调查，2021年驻马店板桥水库土壤中钾-40因受周围农田施肥影响，不能代表当地环境质量状况，暂不予以评价。

与2020年相比，土壤中天然放射性核素钾-40、镭-226、铀-238和钍-232活度浓度以及人工放射性核素铯-137活度浓度均处于本底涨落范围内，其中天然放射性核素活度浓度与1983—1990年河南省环境天然放射性水平调查结果处于同一水平，见图2-129。

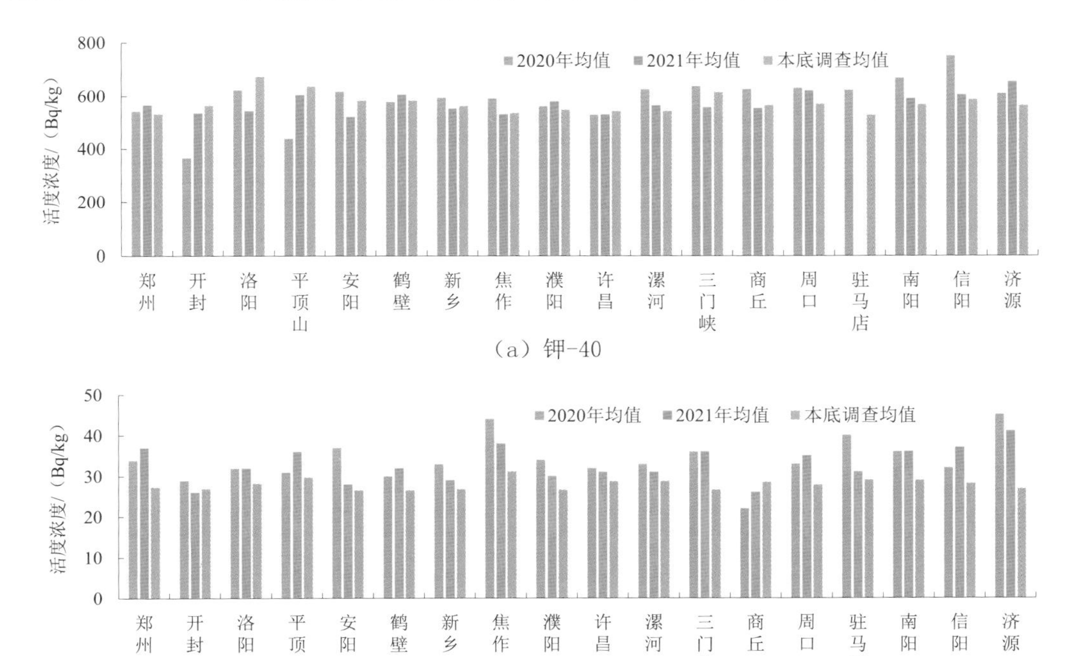

图2-129 2021年与2020年土壤中放射性核素浓度变化

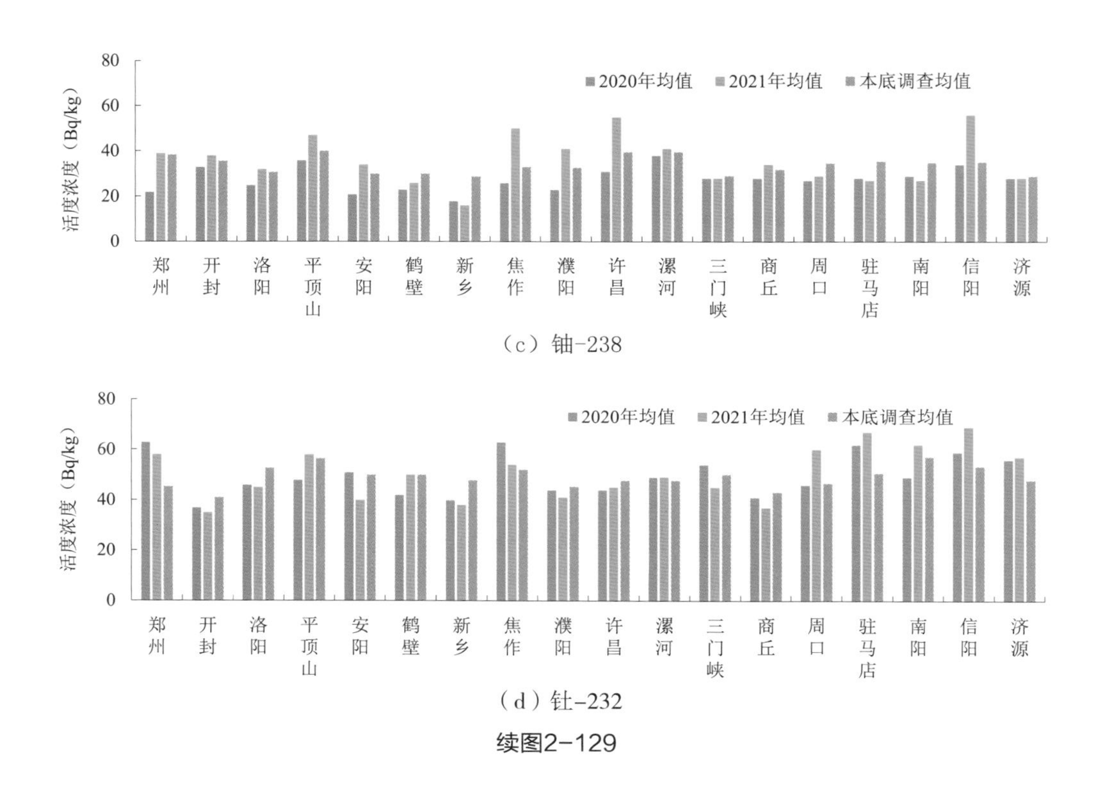

（c）铀-238

（d）钍-232

续图2-129

2.9.2 电磁辐射

2.9.2.1 现状评价

各城市环境电磁综合电场强度处于本底涨落范围内，且低于《电磁环境控制限值》（GB 8702—2014）规定的公众曝露控制限值（12 V/m，频率范围为30～3 000 MHz），见表2-58。

表2-58 2021年各城市电磁辐射监测结果

序号	城市名称	监测点位	测量频率/MHz	综合电场强度年均值/（V/m）
1	郑州	河南省辐射环境安全技术中心五楼	0.1～3000	1.29
2	郑州	郑州五龙口污水处理厂	0.1～3000	0.36
3	开封	开封市环保局	0.1～3000	0.47
4	洛阳	洛阳市环保局	0.1～3000	0.9
5	平顶山	平顶山市环保局	0.1～3000	1.68
6	安阳	安阳市环保局	0.1～3000	3.07
7	鹤壁	鹤壁市环保局	0.1～3000	0.66
8	新乡	新乡市环保局	0.1～3000	3.66

续表2-58

序号	城市名称	监测点位	测量频率/MHz	综合电场强度年均值/（V/m）
9	焦作	焦作市环保局	0.1～3000	—
10	濮阳	濮阳市环保局	0.1～3000	1.24
11	许昌	许昌市环保局	0.1～3000	0.3
12	漯河	漯河市环保局	0.1～3000	1.02
13	三门峡	三门峡市环保局	0.1～3000	1.15
14	南阳	南阳市环保局	0.1～3000	0.98
15	商丘	商丘环境监察支队	0.1～3000	0.3
16	信阳	信阳师范学院电磁子站	0.1～3000	2.66
17	周口	周口市环保局	0.1～3000	0.53
18	驻马店	驻马店市环保局	0.1～3000	2.56
19	济源	济源科研苑楼顶	0.1～3000	2.26

注：焦作市环保局站点因2021年搬迁，故无相关数据。

2.9.2.2 年度对比

与2020年相比，全省城市环境电磁辐射水平未见明显变化，环境电磁综合电场强度均低于《电磁环境控制限值》（GB 8702—2014）规定的公众曝露控制限值（12 V/m，频率范围为30～3000 MHz），见图2-130。

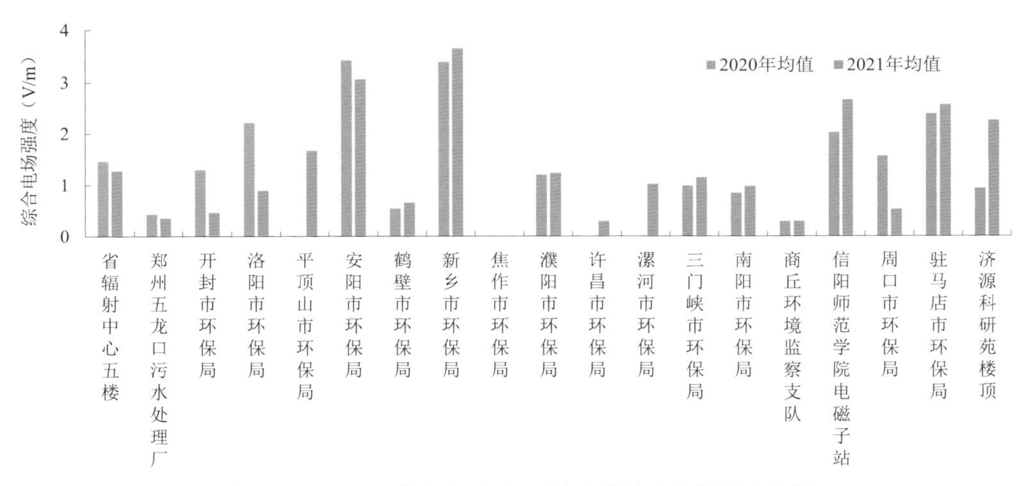

图2-130 2021年与2020年环境电磁综合电场强度变化

2.9.3 重点监控的辐射设施

2.9.3.1 城市放射性废物库辐射环境状况

1. γ辐射空气吸收剂量率

城市放射性废物库空气吸收剂量率处于当地天然本底涨落范围内，与废物库运行前本底调查结果（测量值范围55～114 nGy/h，均值67.1 nGy/h）处于同一水平，见表2-59。

表2-59 2021年城市放射性废物库γ辐射空气吸收剂量率监测结果

监测点位	空气吸收剂量率/（nGy/h）	
	小时均值范围	年均值
城市放射性废物库	69.3～129.0	74.7

2. 气溶胶

城市放射性废物库气溶胶中天然放射性核素铍-7、钾-40、铋-214、镭-228活度浓度处于本底涨落范围内，人工放射性核素碘-131、铯-134、铯-137活度浓度未见异常，见表2-60。

表2-60 2021年城市放射性废物库气溶胶中γ核素监测结果

监测点位	γ核素含量							
	^{7}Be/(mBq/m^{3})	^{40}K/(μBq/m^{3})	^{131}I/(μBq/m^{3})	^{134}Cs/(μBq/m^{3})	^{137}Cs/(μBq/m^{3})	^{214}Bi/(μBq/m^{3})	^{228}Ra/(μBq/m^{3})	^{234}Th/(μBq/m^{3})
城市放射性废物库	6.2	75.0	<MDC（0.79～3.6）	<MDC（0.78～4.0）	<MDC（0.82～3.1）	29.0	8.2	<MDC（12～76）

3. 水体

城市放射性废物库地下水和池塘水中总α和总β活度浓度均处于本地涨落范围内，见表2-61。

表2-61 2021年城市放射性废物库水体监测结果 单位：Bq/L

序号	监测点位	总α		总β	
		范围	年均值	范围	年均值
1	城市放射性废物库库区地下水	0.054～0.060	0.057	0.086～0.098	0.092
2	城市放射性废物库库区池塘水	0.044～0.052	0.048	0.079～0.097	0.088

4. 土壤

城市放射性废物库土壤中天然放射性核素钾-40、镭-226、铀-238和钍-232活度浓度处于本底涨落范围内，人工放射性核素铯-137活度浓度未见异常，见表2-62。

表2-62　2021年城市放射性废物库土壤中γ核素监测结果

序号	监测点位	γ核素含量/（Bq/kg）				
		^{40}K	^{137}Cs	^{226}Ra	^{232}Th	^{238}U
1	城市放射性废物库围墙外	539	0.412	28.0	45.2	34.5
2	城市放射性废物库围库区中间	558	0.309	29.1	46.1	40.5

5. 生物

城市放射性废物库生物天然放射性核素和人工放射性核素铯-137活度浓度均处于本底涨落范围内，见表2-63。

表2-63　2021年城市放射性废物库生物（玉米）监测结果

监测点位	放射性核素活度浓度/（Bq/kg）				
	^{40}K	^{137}Cs	^{226}Ra	^{232}Th	^{238}U
城市放射性废物库	158.8	0.044	<MDC（0.015）	<MDC（0.022）	<MDC（0.027）

2.9.3.2　电磁设施（省广播电视发射塔）辐射环境状况

省广播电视发射塔环境电磁综合电场强度处于本底涨落范围内，且低于《电磁环境控制限值》（GB 8702—2014）规定的公众曝露控制限值（12 V/m，频率范围为30～3 000 MHz），见表2-64。

表2-64　2021年电磁辐射监测结果

监测点位	测量频率/MHz	综合电场强度年均值/（V/m）
郑州中医骨伤病医院门诊大楼楼顶	0.1～3 000	2.88

2.9.4　小结

2021年，全省辐射环境质量总体良好。

2.9.4.1　电离辐射

（1）自动站空气吸收剂量率和累积剂量处于当地天然本底涨落范围内。

（2）气溶胶、沉降物中天然放射性核素和人工放射性核素锶-90、铯-137活度浓度处于本底涨落范围内，其他人工放射性核素活度浓度未见异常。空气（水蒸气）和降水氚活度浓度处于本底涨落范围内，空气中气态放射性核素碘-131活度浓度未见异常。

（3）黄河、淮河、海河水中总α和总β活度浓度，天然放射性核素铀和钍浓度、镭-226活度浓度处于本底涨落范围内，人工放射性核素锶-90和铯-137活度浓度未见异常。

（4）城市地下水中总α和总β活度浓度，天然放射性核素铀和钍浓度、镭-226活度浓度处于本底涨落范围内。

（5）城市集中式饮用水水源地水中总α和总β活度浓度处于本底涨落范围内，低于《生活饮用水卫生标准》（GB 5749—2006）规定的放射性指标指导值（总α指导值0.5 Bq/L，总β指导值1 Bq/L），其中省会城市集中式饮用水水源地水中天然放射性核素铀和钍浓度、镭-226活度浓度处于本底涨落范围内。

（6）土壤中天然放射性核素铀和钍浓度、镭-226活度浓度处于本底涨落范围内，人工放射性核素铯-137活度浓度未见异常。

2.9.4.2 电磁辐射

环境电磁综合电场强度未见异常，且低于《电磁环境控制限值》（GB 8702—2014）中规定的公众曝露控制限值（12 V/m，频率范围为30 ~ 3 000 MHz）。

第三篇

总　结

3.1 基本结论

2021年，河南省生态环境质量主要指标顺利完成，生态环境质量明显改善。城市环境空气质量持续改善，降水pH保持稳定，地表水环境质量持续好转，城市地下水、集中式饮用水水源地水质及声环境质量基本稳定，生态环境质量稳中向好，辐射环境质量保持良好态势，农村生态环境质量有待进一步改善。

3.1.1 城市环境空气质量持续改善

2021年，全省环境空气质量级别为良。信阳、驻马店、三门峡、周口、郑州、洛阳、许昌、商丘、南阳、平顶山10个城市空气质量级别均为良，其他8个城市空气质量级别均为轻度污染。与2020年相比，全省环境空气质量级别由轻度污染变为良，信阳、驻马店2个城市空气质量级别仍为良，开封、安阳、鹤壁、新乡、焦作、濮阳、漯河、济源8个城市空气质量级别仍为轻度污染，其他8个城市空气质量级别由轻度污染变为良。

全省8项空气质量指标同比“七降一增”，综合指数、细颗粒物（$PM_{2.5}$）、可吸入颗粒物（PM_{10}）、二氧化硫（SO_2）、二氧化氮（NO_2）、一氧化碳（CO）和臭氧（O_3）七项指标均同比降低，优良天数同比增加，取得了显著成效。全省优良天数256 d，优良天数比例达70.1%，超额完成国家目标；$PM_{2.5}$浓度45 μg/m^3，低于国家目标9 μg/m^3，同比下降13.5%；PM_{10}浓度77 μg/m^3，低于省定目标10 μg/m^3，同比下降7.2%；15个县（市）$PM_{2.5}$浓度实现空气二级达标，同比增加6个。

3.1.2 降水pH保持稳定

2021年，全省降水pH年均值为6.91，与2020年相比，降水pH年均值增加0.13个单位，全省平均酸雨发生率仍为0。17个省辖市及济源示范区降水pH年均值范围为6.03 ~ 7.63，酸雨发生率仍为0。

3.1.3 地表水环境质量持续好转

3.1.3.1 河流

2021年，全省河流水质级别为轻度污染。长江流域为优，黄河流域为良好，海河流域、淮河流域为轻度污染。主要污染因子为化学需氧量、总磷、高锰酸盐指数。与2020年相比，2021年全省河流水质级别仍为轻度污染，但污染程度有所下降，长江流域水质由良好变为优，黄河流域水质级别仍为良好，淮河流域、海河流域水质级别仍为轻度污染，但污染程度有所下降。

205个考核断面（监测断面204个，1个断面断流）中，Ⅰ～Ⅲ类水质断面占72.1%，Ⅳ类水质断面占24.0%，Ⅴ类水质断面占3.4%，劣Ⅴ类水质断面占0.5%。与2020年相比，Ⅰ～Ⅲ类水质断面比例上升2.5个百分点，Ⅳ类水质断面比例下降1.5个百分点，Ⅴ类水质断面比例上升2.9个百分点，劣Ⅴ类水质断面比例下降3.9个百分点。

3.1.3.2 水库

全省水库水质级别为优，营养状态为中营养。与2020年相比，水质级别和营养状态也均未发生变化。

25个省考大、中型水库中，Ⅱ类水质水库占56.0%，Ⅲ类水质水库占40.0%；Ⅴ类水质水库占4.0%。与2020年相比，Ⅰ～Ⅲ类水质断面比例上升4.0个百分点，Ⅳ类水质断面比例下降4.0个百分点，Ⅴ类水质断面比例上升4.0个百分点，劣Ⅴ类水质断面比例下降4.0个百分点。

3.1.4 城市地下水环境质量基本稳定

2021年，全省城市地下水质量为良好。漯河、许昌、南阳3个城市地下水水质级别为优良，鹤壁、三门峡、郑州、驻马店、平顶山、济源、焦作、周口、洛阳、安阳、新乡11个城市地下水水质级别为良好，开封、商丘、濮阳、信阳4个城市地下水水质级别为较差。

与2020年相比，全省城市地下水水质级别由较好变为良好。漯河、南阳2个城市由良好变为优，安阳、济源2个城市由较差变为良好，其他14个城市地下水水质级别均无变化。

3.1.5 城市集中式饮用水水源地水质基本稳定

3.1.5.1 省辖市

2021年，全省省辖市集中式饮用水水源地浓度年均值评价水质级别为优。17个省辖市及济源示范区中，南阳、濮阳、平顶山、安阳、周口、郑州、鹤壁、三门峡、漯河、新乡、许昌、信阳12个城市集中式饮用水水源地水质级别为优，驻马店、开封、洛阳、焦作、济源、商丘6个城市水质级别为良好。

与2020年相比，全省省辖市集中式饮用水水源地水质基本稳定。安阳市水源地水质级别由良好变为优，其他16个城市水质级别保持不变，驻马店市水质级别由优变为良好。

3.1.5.2 县级城市

2021年，全省县级城市集中式饮用水水源地水质级别为良好。96个县（市）中，54个县（市）集中式饮用水水源地水质级别为优，36个县（市）水质级别为良好，6个县（市）水质级别为轻污染。

与2020年相比，11个县（市）集中式饮用水水源地水质级别由良好变为优，3个县（市）水质级别由轻污染变为良好，其他76个县（市）水质级别保持不变，6个县（市）水质级别由优变为良好。

3.1.6 声环境质量基本稳定

3.1.6.1 城市区域声环境

2021年，全省昼间区域声环境等效声级平均为53.4 dB（A）、质量评价等级为二级，与2020年相比，昼间区域声环境等效声级下降0.4 dB（A），质量评价等级无变化。15个城市为二级，占83.3%；3个城市的昼间区域声环境质量级别为三级，占16.7%，质量评价等级为二级的城市占比上升5.5个百分点。

3.1.6.2 城市道路交通声环境

2021年，全省昼间道路交通声环境等效声级平均为65.4 dB（A）、质量评价等级为一级，与2020年相比，昼间道路交通声环境等效声级下降0.6 dB（A），质量评价等级无变化。16个城市的昼间区域声环境质量级别为一级，占88.9%，2个城市的昼间区域声环境质量级别为二级，占11.1%，质量评价等级为一级的城市占比持平。

3.1.6.3 城市功能区声环境

2021年，全省城市功能区声环境昼间、夜间达标率分别为89.2%、68.6%。与2020年相比，昼间、夜间达标率分别上升4.9个百分点和8.0个百分点。

3.1.7 生态环境质量稳中向好

2020年，全省生态环境质量等级为良。三门峡市生态环境质量等级为优，洛阳、济源、信阳、南阳、平顶山、驻马店、焦作、安阳、新乡、商丘、周口、漯河、郑州13个城市生态环境质量等级为良，许昌、鹤壁、开封和濮阳4个城市等级均为一般。未出现较差类和差等级。与2019年相比，全省生态环境质量等级仍为良，生态环境状况指数略高于上年，生态环境质量稳中向好。

3.1.8 农村生态环境质量有待改善

3.1.8.1 农村环境质量

与2020年相比，全省农村环境空气质量优良天数有所下降，以$PM_{2.5}$和O_3为特征的复合型大气污染日益凸显；农村地表水型饮用水水源地水质及监控村庄所在县域地表水水质呈改善趋势，地下水型饮用水水源地水质总体保持稳定；农村土壤环境质量总体保持平稳。

2021年，全省农田灌溉水水质达标率为86.2%，农村生活污水处理设施正常运行率为54.8%，所有农村生活污水处理设施出水水质均为三级标准或优于三级标准。

3.1.8.2 农村环境状况

与2020年相比，全省县域环境状况指数平均值有所下降。

3.1.8.3 农业面源污染状况

2021年，全省开展农业面源污染状况评价的县域中，无分级为清洁的县域，分级为轻度污染、污染、重污染、严重污染的县域分别占比11.6%、27.3%、42.1%和19.0%。

3.1.9 辐射环境质量总体良好

2021年，全省电离辐射环境质量仍然保持在天然本底水平，自动站以及气溶胶与沉降物、黄河/淮河/海河、城市地下水、城市集中式饮用水水源地、土壤中相关指标浓度仍处于当地天然本底涨落范围内。环境电磁综合电场强度仍未见异常，且低于《电磁环境控制限值》（GB 8702—2014）中规定的公众曝露控制限值（12 V/m）。

3.2 主要环境问题

3.2.1 大气污染防治压力大

3.2.1.1 环境形势依然严峻

2021年，河南省环境空气质量大幅改善，SO_2、NO_2和CO浓度均优于《环境空气质量标准》（GB 3095—2012）二级标准，但PM_{10}、$PM_{2.5}$和O_3浓度均超二级标准，且$PM_{2.5}$浓度高达45 μg/m^3，在全国位列倒数第一，是全国唯一超出40 μg/m^{3}的省份，比河北省、山东省高出6 μg/m^3，17个省辖市及济源示范区$PM_{2.5}$浓度均未达标，浓度最低的信阳市$PM_{2.5}$浓度仍高出二级标准8.6%。

3.2.1.2 污染时空分布不均

近几年，秋冬季攻坚虽取得积极成效，但全省空气质量改善成果还不稳固，仍未摆脱“气象性影响”和“季节性影响”。夏季大气环境改善压力小，5—9月$PM_{2.5}$浓度连续实现二级达标，特别是7月$PM_{2.5}$浓度低至18 μg/m^3。冬季空气质量改善压力极大，即使冬季采取预警管控措施的情况下，扩散条件稍有不利，仍极易发生污染天气，秋冬季$PM_{2.5}$平均浓度是其他季节的2～3倍，重污染天数占全年的95%以上，是拉高全年浓度均值的主要时段。

3.2.1.3 污染扩散条件不利

河南省地处中原腹地，处于冷暖气流的辐合带，冬季寒冷不足，既无临海之便，也无冷空气率先清除之利，和西北及沿海区域比，风力偏弱，常年冬季风力在2 m/s左右，大气清除能力弱，污染物易滞留，不易扩散。同时，位于京津冀污染传输通道的南端，冷空气将上风向污染物传输至河南省，冷空气进入河南省之后开始减弱，造成污染物长时间逗留停滞；并且冷空气过后，北风转南风，再次受到污染物回流影响。

3.2.1.4 $PM_{2.5}$和臭氧污染协同控制仍需付出更大努力

目前，河南省大气细颗粒物和臭氧复合污染特征明显。夏季臭氧超标天数的增加且污染持续时间较长，严重制约全省优良天数指标的完成；冬季重污染天气期间颗粒物浓度较高，已成为制约河南省污染防治攻坚战成色的堡垒。因此，河南省在“十四五”期间$PM_{2.5}$和臭氧污染协同控制仍需付出更大努力。

3.2.2 水环境保护形势依然严峻

河南省水资源禀赋条件差，河流生态流量严重不足，部分河流污染依然较为突出，水生态系统较为脆弱，涉水产业结构偏重、涉水工业企业排放量大，化工、有色等重工业企业和尾矿库沿河分布，水环境风险十分突出，水生态环境保护形势依然十分严峻。

3.2.2.1 部分河流污染较重或不能稳定达标

河南省水环境质量得到大幅度改善，各流域水质整体向好，但Ⅰ～Ⅲ类水质比例，从全国范围看，属中下水平；与安徽、湖北、陕西、山西、河北、山东邻省相比，仅处于中等水平。仍存在个别劣Ⅴ类水质断面，以及部分断面水质不能稳定达标的问题。

3.2.2.2 部分支流断流干涸或生态流量不足

河南省水资源禀赋总体较差，人均水资源量不足全国平均水平的1/5。基于31个水文断面的1956—2019年实测径流系列，马颊河、沱河、安阳河等河流出现过断流的断面23个，约占74%；生态基流保障率整体呈下降趋势，从2012—2016年实测径流系列看，缺水量约3亿m^3。全省一些河道的水源是处理过的工业和生活污水以及农田退水，污径比较高，致使河流自净能力弱，加之水系上下游、地区、城市之间修建大量的拦蓄闸，人为破坏了河流的天然连通性与水流连续性。马颊河、安阳河、金堤河、天然文岩渠、沱河、涡河等河流均多次断流，河道生态基流和敏感期生态需水难以满足，贾鲁河、惠济河等部分河流水资源利用和污染物排放超出河流资源环境承载能力，沁河生态基流、洛河（伊洛河）和伊河敏感期生态需水量保障形势严峻，河南省东部、北部等地河流受水资源约束严重。

3.2.2.3 结构性污染问题尚未根治

河南省工业结构仍然较为粗放，资源能源及原材料产业比重高，高新技术产业和装备制造业比重低。但产业结构和布局的调整近期内难以实现，结构性污染问题仍然十分突出。全省涉水产业结构偏重、涉水工业企业排放量大，水环境风险源企业主要集中在化工、造纸、制药、石化、有色金属采选和冶炼、铅蓄电池制造、皮革、电镀等行业，化工、有色等重工业企业沿河分布，水环境风险十分突出。三门峡、洛阳、南阳等城市尾矿库较多，对河流水体甚至饮用水水源地构成较大风险隐患。目前，重要生态功能水体的水环境风险评估工作尚未完全开展，水环境风险防控与应急能力还有待进一步提升，水环境风险防范任务较重。

3.2.2.4 部分城镇基础设施建设还相对滞后

近年来，河南省加大了污水处理设施建设与改造的力度，但城镇环境基础设施仍不健全，商丘市、南阳市城区，多数城市的城乡接合部及县城仍然存在污水处理能力不足、管网混错接、雨污合流、管网漏损等问题，导致部分生活污水溢流、初期雨水污染等影响地表水水质；城镇新区、老城区污水管网覆盖不够，雨污混流，污水处理厂不能稳定达标等；部分乡镇、村庄生活污水处理设施尚未覆盖，农村生活污水收集处理率不高，农村生活垃圾堆存在沟渠内，随降雨冲刷进入河道影响地表水水质，部分已建农村污水处理设施因运营经费没保障、管网不配套、管理机制不顺等多种原因，成为“晒太阳工程”，难以起到应有的作用。特别是雨污分流不彻底的问题，致使河南省部分河流，越是雨后水质越差。

3.2.3 生态环境承载力相对较弱

河南省生态承载力相对较低，自然生态环境较为脆弱。水资源和森林覆盖空间分布不均，城镇化进程也造成了局部地区土地胁迫加重。以生态文明建设国家战略，以黄河流域生态保护与高质量发展国家战略为引领，扭转黄河流域自然保护区生态保护状况降低趋势依然是河南省生态环境保护面临的一系列问题。

3.2.3.1 农村生态环境质量有待改善

2021年，河南省农村环境空气质量优良天数有所下降，以$PM_{2.5}$和O_3为特征的复合型大气污染日益凸显；农田灌溉水水质达标率为86.2%，农田灌溉水水质与粮食安全、食品安全息息相关；农村生活污水处理设施正常运行率为54.8%，农村生活污水处理设施的正常运行与农村生活污水入河（库）水质直接相关，进而影响水环境质量。全省县域环境状况指数平均值有所下降，农业面源污染状况评价中无分级清洁的县域，分级为轻度污染、污染、重污染、严重污染的县域分别占11.6%、27.3%、42.1%和19.0%。由此可见，防治农业面源污染、改善农村生态环境质量任务紧迫，全省农村生态环境保护力度有待进一步加强。

3.2.3.2 自然生态系统调节功能较弱

河南省湿地和草地面积较小，对生态环境贡献有限。森林是河南省的主要生态系统，但森林生态系统趋于简单化，天然林比例下降，林龄结构较不合理，森林生态系统拦水、滞洪、保土、涵养水源及净化空气、调节气候等生态功能较弱，抵御自然灾害，抗病虫、鼠害的能力较低。另外，森林、湿地等自然生态系统的生态产品供给和生态公共服务能力与人民群众期盼相比还有很大差距，人们对身边增绿、社区休憩、森林康养的需求越来越迫切。生态旅游基础设施建设滞后，生态体验设施缺乏，绿色、有机生产体系不健全，供需矛盾突出。

3.2.3.3 部分自然保护区生态功能呈现下降趋势

除豫西山地外，受城市建设用地和耕地面积增加以及水域湿地面积减少等因素的影响，黄河流域段部分省级自然保护区生态保护状况呈降低趋势。黄河流域水资源利用较为粗放，工农业用水效率不高，更多的湿地被开垦成耕地，改变着黄河流域湿地自然保护区的生态功能。此外，河南省自然保护地分布的主要区域与旅游资源丰富区、城镇化率较高地区、矿产资源富集区多有重叠，城镇化、工业化、基础设施建设等开发建设活动与生态空间互相交织，对区域水土保持、景观地貌、生态环境造成不同程度的不利影响，生态保护难度较大。随着经济社会的高速发展和城镇化的快速推进，部分生态空间被挤占，生态环境保护压力持续加大，生态安全形势日益严峻。

3.2.3.4 区域开发不合理与局部土地胁迫状况严重

河南省土壤侵蚀以水力侵蚀为主，主要分布在北部太行山、西部以及南部的桐柏山和大别山地区。近年来，通过林地种植面积和郑州市辖区绿地面积的不断增加，全省土地胁迫状况得到有效控制和治理。但城镇化的扩张，以及局部地区对矿产资源的不合理开发以及不合理的种植结构等，使得土地胁迫状况在城镇区和部分区域出现增加趋势。

3.3 对策建议

2022年，河南省将深入贯彻习近平生态文明思想，按照党中央、国务院决策部署和省委、省政府的工作安排，坚持方向不变、力度不减，突出精准治污、科学治污、依法治污，深入打好污染防治攻坚战，持续改善环境质量，持续减少污染物排放，有效防控环境风险，努力建设人与自然和谐共生的美丽河南。主要对策和建议如下。

3.3.1 持续改善大气环境

以减污降碳协同增效为总抓手，以细颗粒物和臭氧协同控制为主线，以氮氧化物和挥发性有机物协同减排为重点，强化多污染物协同控制，实施重点区域联防联治，重点降低$PM_{2.5}$和控制臭氧，继续抓好“七控”：控尘、控煤、控排、控车、控油、控烧、控烟花爆竹，基本消除重污染天气，持续改善环境空气质量，大幅提升人民群众蓝天幸福感。

3.3.1.1 积极应对气候变化，开展二氧化碳排放达峰行动

一是研究制订推动全省2030年前碳排放达峰行动实施方案，推动减污降碳协同发力。二是聚焦重点领域、重点行业，加快推动产业结构转型升级，建设清洁低碳能源体系，推动公转铁、公转水和多式联运。三是选择典型地区和城市，开展环境质量达标与碳排放达峰“双达”试点示范。

3.3.1.2 持续推进结构调整，实现清洁低碳发展

（1）优化产业布局。进一步加强区域、规划环境影响评价，完成各市及示范区层面生态保护红线、环境质量底线、资源利用上线和环境准入清单“三线一单”编制工作，严格执行国家明确禁止和限制发展的行业、生产工艺和产业目录。

（2）完成城市建成区、人群密集区的重污染企业和危险化学品等环境风险大的企业搬迁改造、关停退出。

（3）严格环境准入门槛。严控“两高”行业产能，严控VOCs项目审核。化解过剩产能，压减低效产能。

（4）严格耗煤行业准入。从严执行国家、省重点耗煤行业准入规定，原则上禁止新建、扩建单纯新增产能的煤炭、煤电、钢铁、电解铝、水泥、玻璃、传统煤化工、焦化等8大类产能过剩的传统产业。2025年生铁、水泥、平板玻璃等重污染行业预计相较于2020年降产能15.6%。

（5）强化整治力度。加大现有化工园区的整治力度，彻底整治“散乱污”企业。

（6）开展绿色交通建设试点工程，推进节能降碳技术的创新与应用，重点推进交

通运输废旧路面材料的循环利用。

（7）发展节能环保产业。积极推行节能环保整体解决方案，加快发展合同能源管理、环境污染第三方治理和社会化监测等新业态。培育壮大新兴产业。

3.3.1.3 适当调整能源结构，切实推进清洁取暖

（1）煤炭总量控制管理。严格控制煤炭消费总量。有序控制电厂用煤，重点削减非电用煤。

（2）实现煤炭减量替代。严格落实《河南省耗煤项目煤炭消费替代管理（暂行）办法》，所有新建、改建、扩建耗煤项目一律实施煤炭减量或等量替代。

（3）强化电力结构调整。削减电力行业低效产能，完成落后煤电机组淘汰工作，继续提高大容量、高参数机组比重，降低煤耗。

（4）有效推进清洁取暖。改变原有的取暖观念和取暖习惯，优先发展热电联产为主，地源热泵、电隔膜等清洁取暖方式为辅的供暖方式。加强天然气供应能力，推进工业集中供热。

（5）推动新能源发展。积极发展可再生能源，推动太阳能、风能、生物质能规模化发展，推动新能源高效低费利用的技术产业化。提高非石化能源消费比重。

3.3.1.4 深化企业废气治理，推动企业绿色升级

开展清洁生产行动，完成各类园区循环化改造、规范发展和提质增效。各类工业园区内除自身工业余热供热外，全部实现集中供热。完成重点行业提标治理，全面提升锅炉烟气排放标准。坚持“源头治理、全面禁止，突出重点、分步推进”的原则，全面完成分散燃煤锅（窑）炉淘汰、改造工作。全面排查工业炉窑，加大工业炉窑淘汰力度，加快工业炉窑清洁燃料替代。强化工业企业无组织排放治理，开展水泥、火电、铸造、耐火材料、有色冶炼、砖瓦窑等所有涉及无组织废气排放的工业企业和燃煤锅炉，加强氨逃逸管理，有效控制氨逃逸。

3.3.1.5 优化升级运输结构，建设绿色交通体系

优化交通运输结构，调整货物运输结构，积极发展铁路运输，提高铁路货运比例，优化骨干公路网布局，建设城市绿色物流体系。2025年淘汰国三及以下、45%国四营运中重型柴油货车。到2035年淘汰80%国四中重型柴油货车。大力推广城市绿色交通，坚持公共交通优先发展战略，加快城市充电桩建设，鼓励购买和使用新能源汽车。到2025年，全省汽车产量新能源占30%。新能源汽车新车销量占当年汽车总销量的20%。新能源汽车保有量占总量的2%。推进高排放移动源治理，制订国道、省道市城区柴油货车绕行方案，加强非道路移动机械排放监管，划定“高排放非道路移动机械禁用区”。

3.3.1.6 推进臭氧和$PM_{2.5}$协同控制，实施VOCs综合治理专项行动

一是制订实施空气质量提升行动实施方案；二是抓好重点任务，以秋冬季细颗粒物和夏季臭氧污染防控为突破口，加强细颗粒物（$PM_{2.5}$）和臭氧（O_3）协同控制，深化VOCs和氮氧化物综合治理，强化“七个严控”（控尘、控煤、控车、控油、控烧、控排、控烟花爆竹）；三是积极削减臭氧生成的前体物NO_x和VOCs，加快重点行业的污染治理；四是出台VOCs防治政策，加快制定农药、涂料、医药、无组织逸散的排放标准；五是进一步研究臭氧的形成机制，以及重点区域NO_x和VOCs的最佳协同减排比例；六是坚持源头减排、过程控制、末端治理和强化管理相结合的综合防治原则。新建涉VOCs排放的工业企业要入园区，实行区域内排放等量或倍量削减替代。深入开展工业VOCs治理，对VOCs废气末端处理工艺进行提升改造，鼓励企业采用多种技术组合工艺，提高VOCs治理效率，加快推进VOCs无组织排放治理。开展VOCs整治专项执法行动，严厉打击违法排污行为。

3.3.1.7 开展扬尘全域控制

推进露天矿山粉尘整治，以自然保护区、风景名胜区、水源保护区、主要交通干线两侧和城市建成区周边为重点，建立露天矿山退出机制。加强施工扬尘管理，将建筑、市政、拆除、公路、水利等各类施工工地扬尘污染防治纳入建筑施工安全生产文明施工管理范畴。强化道路扬尘治理，大力推进道路机械化清扫保洁作业，推行“以克论净、深度保洁”的作业模式，各县（市、区）平均降尘量不得高于8 t/（km^2·30 d）。严格渣土、砂石等运输车辆规范化管理，规范堆场扬尘治理。强化秸秆综合利用。

3.3.2 稳步提升水环境

重点是增加好水和生态水，治理差水和黑臭水。继续推进水生态环境保护攻坚行动，持续抓好水源地保护、黑臭水体治理、河湖水生态环境治理修复等标志性战役，深入推进工业源、生活源和农业源“三源”治理，补齐城镇污水收集和处理设施短板，大力推进美丽河湖建设，有序推进县城建成区黑臭水体整治，稳定消除劣Ⅴ类水体，切实保障人民群众饮水安全，确保南水北调中线工程“一渠清水永续北送”，努力实现“清水绿岸、鱼翔浅底”。

3.3.2.1 优化水资源配置体系

健全河湖生态流量保障机制。研究制订河湖生态流量保障实施方案，明确河湖生态流量目标、责任主体和主要任务、保障措施，提高生态用水效率；结合河湖生态流量常态化监测和管控，强化监管与预警，及时发布预警信息，按照预案实施管理；加快建立基于河湖生态保护目标要求的河湖生态流量及过程监测体系，逐步构建完善的流域生态

流量及过程监管机制，将河湖生态流量保障情况纳入河湖长制统一管理；对实施生态流量保障的河流、湖库进行清单式管理，落实政府主体责任。

积极推进河湖生态流量保障工作。有序确定生态流量管理重点河湖名录，推进生态流量管理全覆盖；强化水资源统一统筹调度，优化流域水资源统筹调度协商工作机制，科学制订流域水量调度方案和调度计划；保障伊洛河、唐河、白河、淮河干流、颍河、洪汝河、北汝河等河流生态流量，推进淇河、天然文岩渠、安阳河等河流水量分配和生态流量目标确定工作。对无生态流量泄放设施的已建水库、水电站及拦河闸坝等水利设施，逐步改造或增设生态流量泄放设施；对伊河、洛河等中小河流，研究建立小水电退出机制，恢复河道天然流量。

加强河流生态用水保障。将保障生态流量作为硬约束，突出生态用水的重要性，提升生态用水量占比；强化水资源承载能力刚性约束，严格控制不合理的河道外用水，强化引水灌溉工程审批和监管，逐步退还被挤占的河道内生态用水；着力保障好阳河、清水河、汾河、安阳河、沱河、浍河等河流生态用水，积极推进漭河、赵王河等河流水源保障工作，减少断流时段，缩短断流河长，各级政府按照分级管理原则努力实现恢复“有水”。

3.3.2.2 持续推进工业污染防治

推进工业企业绿色升级。培育壮大节能、节水、环保和资源综合利用产业，提高能源资源利用效率；对焦化、有色金属、化工、电镀、制革、石油开采、造纸、印染、农副食品加工等行业，全面推进清洁生产改造或清洁化改造；全面推行清洁生产，依法对重点行业企业实施强制性清洁生产审核。

提升产业园区和产业集群循环化水平。科学编制产业园区开发建设规划，依法依规开展规划环境影响评价，严格准入标准，完善循环产业链条，推动形成产业循环耦合；推进既有产业园区和产业集群循环化改造，推动公共设施共建共享、能源梯级利用、资源循环利用和污染物集中安全处置等，继续推进生态工业示范园区建设；鼓励化工等产业园区配套建设危险废物集中收集、贮存和利用处置设施。

强化工业园区污染管控。加大现有工业园区整治力度，建立工业园区污水集中处理设施进水浓度异常等突出问题清单，相关市级政府组织排查工业园区污水管网老旧破损、混接错接等情况，查明问题原因并开展整治，实施清单管理、动态销号。新建、扩建开发区、工业园区同步规划建设污水收集和集中处理设施，强化工业废水处理设施运行管理，确保稳定达标排放。石油化工、石油炼制、磷肥等企业应收集处理厂区初期雨水，鼓励有条件的化工园区开展园区初期雨水污染控制试点示范。全面实施黄河流域水污染物排放标准，进一步提升黄河流域水污染治理水平。

推动工业废水资源化利用。推进企业内部工业用水循环利用、园区内企业间用水系统集成优化。推动缺水地区将市政再生水作为园区工业生产用水的重要来源。重点围绕火电、石化、有色金属、造纸、印染等高耗水行业，组织开展企业内部废水利用，创建一批工业废水循环利用示范企业、园区。

3.3.2.3 全面提升城镇污染治理能力

强化污水处理能力建设。按照因地制宜、有序建设、适度超前的原则，科学谋划污水处理设施布局及规模。加快提升新区、新城、污水直排、污水处理厂长期超负荷运行等区域生活污水收集处理能力。打造一批环境友好、土地节约、运行稳定的高标准污水处理厂，探索绿色低碳污水处理新技术、新模式；具备条件的污水处理厂建设尾水人工湿地；出水排入封闭式水域的污水处理厂要进一步优化除磷脱氮工艺。

实施污水处理提质增效。推进污水管网建设，优先补齐城中村、老城区、建制镇、城乡接合部和易地扶贫搬迁安置区生活污水管网设施短板，努力实现管网全覆盖。加快城区排水管网清污分流以及沿河截污管网截流井、合流制排水口的改造和老旧破损管网的更新修复，城镇新区、开发区、城乡一体化示范区建设实行雨污分流；对进水生化需氧量浓度低于100 mg/L的城市污水处理厂，围绕服务片区开展“一厂一策”系统化整治。通过实施污水管网互联互通工程等措施，实现城市污水收集主管网与污水处理厂管网的联通和污水处理智能化调配，解决污水处理厂收水不均问题。

推进初期雨水污染控制。鼓励各地以城市雨洪排口、直接通入河湖的涵闸、泵站等为重要节点，建设初期雨水调蓄池，减少初期雨水对地表水水质和污水处理厂的影响。鼓励有条件的地方先行先试，将城镇雨洪排口纳入监测管理等日常监管范围。

3.3.2.4 强化农业农村污染防控

推进农村生活污水垃圾治理。因地制宜推进县域农村生活污水治理规划实施，以水源保护区、乡镇政府所在地、中心村、城乡接合部、黑臭水体集中区域、旅游风景区等村庄为重点梯次推进农村生活污水治理；加强污水治理与改厕、黑臭水体治理及水系综合整治的衔接，鼓励粪污无害处理和资源化利用，科学选择生活污水治理模式，健全设施运行管理体制机制。开展集中式农村生活污水处理设施调查评估和分类整治提升，逐步提高现有设施的正常运行率。

推进农村黑臭水体治理。统筹推进农村黑臭水体治理与农村生活污水、畜禽粪污、水产养殖污染、种植业面源污染治理和农村改厕等工作；实施分级管理，实行“拉条挂账、逐一销号”；落实污染治理属地责任，探索建立农村黑臭水体整治长效管护机制，逐步消除农村房前屋后河塘沟渠和群众反映强烈的黑臭水体。

强化畜禽粪污的资源化利用。依法编制实施畜禽养殖污染防治专项规划，优化调整畜禽养殖布局，科学合理划定禁养区，因地制宜发展节水养殖，促进养殖规模与资源环境相匹配；加快发展种养有机结合的循环农业，以畜牧大县和规模养殖场为重点，以废弃物资源化利用为导向，开展规模化畜禽养殖业污染防治；推进畜禽粪污资源化利用整县推进项目建设，不断提升畜禽规模养殖场粪污处理设施装备水平。

突破农业面源污染防治瓶颈。推进“源头减量—循环利用—过程拦截—末端治理”全链条污染防治。以县为单位，完善农业产业准入负面清单制度；在地下水超采区结合水资源禀赋，以玉米、小麦等作物为主，推广适宜的节水农业技术模式。改进种植模式，在地下漏斗区等水资源匮乏区域推广轮作休耕，推进大中型灌区现代化建设；开展规模化种植业污染防治试点，探索采用农田生态沟渠、污水净化塘、人工湿地等措施实施重点区域农田退水治理。推进农药化肥减量增效，推广有机肥；推进农业绿色发展，控制化肥农药施用量，提高利用效率。

3.3.2.5 落实黄河流域生态保护和高质量发展

统筹“保好水”“治差水”，全面实施黄河流域排放标准；率先基本完成入河排污口排查整治；着力保障和恢复河湖生态用水，开展再生水循环利用试点示范；探索规范小水电管理；实施水生态保护修复，推进黄河干流等湿地保护修复和滩区综合治理；加强化工、涉重金属等行业企业水环境风险防控；强化流域上下游、左右岸协同治理，建立省际间和省内水生态环境保护联动机制。

按照“一干七支六库”空间布局，共同抓好大保护，协同推进大治理。“一干”：加强黄河干流沿线湿地保护修复和滩区综合治理，构建黄河干流水源涵养生态屏障。“七支”：加强伊河、洛河、沁河、丹河水生态修复，强化漭河和金堤河水环境治理，保障天然文岩渠生态流量；“六库”：加强三门峡水库、小浪底水库、西霞院水库、陆浑水库、故县水库、窄口长桥水库等重点湖库水生态保护修复和水生态环境风险防范，保障集中式饮用水水质安全。

3.3.2.6 加强南水北调工程生态环境保护

持续强化好水保护，保障“一泓清水永续北送”。高位推进水环境治理，补齐城镇污水处理设施短板；强化农业面源污染防控；严控南水北调中线工程水源地丹江口水库（河南辖区）环境风险；强化丹江口水库及入库支流水生态修复。

按照“一源两系”的总体布局，着力解决流域水生态环境保护突出问题。“一源”：强化丹江口水库饮用水水源地保护，加强水环境风险防范。“两系”：丹江水系严控水环境风险，深化水环境综合治理，强化水生态保护与修复；唐白河水系着力补齐基础设施短板，防治农业农村污染。

3.3.2.7 落实打好城市黑臭水体治理攻坚战

按照“控源截污、内源治理、生态修复、活水保质、长效管理”的思路，坚持系统治理、源头管控、有序推进、成效可靠，巩固提升城市黑臭水体整治成效。

推进省辖市黑臭水体“长制久清”。建立省辖市建成区黑臭水体长效监管机制，巩固提升黑臭水体治理成效，严格落实河湖长制，加强巡河管理，持续开展河湖“清四乱”，及时发现解决水体漂浮物、沿岸垃圾、污水直排口等问题。对已完成治理的黑臭水体定期开展水质监测并向社会公布水质监测结果，切实保障城镇生活、工业等各类污水处理设施稳定运行，强化污水收集管网等设施的运行维护，防止返黑返臭。

基本消除县级城市建成区黑臭水体。推进县级城市建成区黑臭水体治理，全面排查、开展水质监测，制定黑臭水体治理清单，编制实施整治方案，定期向社会公开治理进展情况。

3.3.3 维护生态环境安全

3.3.3.1 全面提升土壤环境监管能力

持续推进土壤污染防治攻坚行动，以重点区域、重点行业、重点污染物、重点风险因子为着力点，协同推进土壤、农村、地下水环境治理，积极开展土壤污染综合防治先行区建设，加强农用地土壤污染源头管控和安全利用，推进建设用地风险管控和治理修复，确保农用地、建设用地安全利用，让老百姓“吃得放心、住得安心”。

在完成目标任务上不打折扣。全面制订和实施“十四五”土壤、地下水和农业农村生态环境保护规划，高标准完成各项目标任务，确保人民群众生命健康安全和土壤、地下水资源永续利用，确保党中央关于生态文明建设的决策部署落地生根见效。

在创新制度机制上力求突破。进一步探索完善土壤污染防治体系，配套相关政策，加强制度创新，依法精准科学推进土壤污染防治，建立政府和社会共同参与的土壤污染防治保障机制，形成多部门联动监管地下水污染防治的良好格局，营造政府主导、全社会共同参与的农业农村污染治理局面。补齐农村生活污水治理率低、农业面源污染监管不到位、土壤污染防治项目建设推进不力、地下水污染防治部门联动监管机制不完善四项短板。

在监管能力建设上全面提升。进一步夯实基层土壤环境管理力量，加强培训和指导，打造与形势任务相适应的土壤环境管理铁军队伍；深化多部门监测体系建设，提升大数据分析能力，为土壤污染防治打造“千里眼”“顺风耳”；进一步提升基层执法队伍的土壤环境执法能力，开展执法专项行动，查除一批典型违法案件。通过组织培训和工作实践，全面提升项目管理能力、组织推进工作能力、环境执法监管能力。

3.3.3.2 持续开展农村人居环境整治

持续开展农村人居环境综合整治行动，加大农村生活污水治理力度，加强种植养殖污染防治，排查整治农村黑臭水体，打造美丽乡村，为老百姓留住鸟语花香、田园风光。

推进农村生活污水垃圾治理。以乡镇政府驻地、中心村、丹江口库区汇水范围、南水北调中线总干渠两侧、河流两侧村庄为重点梯次推进农村生活污水治理。因地制宜，科学确定农村户用无害化卫生厕所改造模式，合理选择生活污水治理模式，统筹实施农村黑臭水体治理及水系综合整治。加大经费保障，加强监管，不断提高已建成农村污水处理设施稳定正常运行率。推广农村生活垃圾“户投放、村收集、镇转运、县处理”模式，加强河流两侧村庄的农村垃圾收集，防止垃圾入河。

推进养殖粪污资源化利用，加快发展种养有机结合的循环农业。以畜牧大县和规模养殖场为重点，整县推进畜禽养殖废弃物资源化利用。现有规模化养殖场（小区）要配套建设与养殖规模相适宜的粪便污水防渗防溢流贮存设施，以及粪便污水收集、利用和无害化处理设施。鼓励规模以下畜禽养殖户采用“种养结合”“截污建池、收运还田”等模式。积极引导农户实施“三进三退”，退出散养、退出庭院、退出村庄，进入规模场、进入合作社、进入市场循环，发展绿色养殖，实现清洁生产。合理布局水产养殖生产，严格水产养殖投入品管理，扩大健康养殖规模，严格控制河流水库投饵网箱养殖。

有效防控种植业污染。深入实施化肥农药减量行动，完善化肥农药施用量调查统计制度，加强农业投入品规范化管理，健全投入品追溯系统，推进农业绿色发展，降低化肥农药施用量，提高利用效率。

3.3.3.3 强化提升环境风险防控能力

牢固树立底线意识、风险意识，完善环境风险常态化管理体系，强化重点领域环境风险管控，加强新污染物治理，建立完善生态环境风险防范机制和“天地一体化”的生态环境监测体系，健全环境应急体系，提升危险废物环境监管能力，强化危险废物全过程环境监管，完善医疗废物城乡一体化处置。以“一废一库一品”（危险废物、尾矿库、危险化学品）等高风险领域为重点，深入开展环境风险隐患排查整治。加强涉危涉重企业、化工园区、集中式饮用水水源地及重点流域环境风险调查评估，实施分类分级风险管控。严格落实企业主体责任，健全提升防范化解突发生态环境事件的能力，保障人民群众的生命安全和身心健康。